Oswald Thömmes

Bis zu den Wurzeln des Regenbogens

Oswald Thömmes wurde 1953 geboren und wohnt im Hunsrück.

Sein Weltbild resultiert nicht allein aus seiner Herkunft; bezüglich Familie sowie Lebensumstände in seiner Heimat, sondern ebenso aus der Zeit in die er hineingeboren wurde. Das allgemeine Weltbild dieser Zeit empfand er schon mit Beginn seiner Jugend für sich als problematisch, wodurch er begann sich mit dieser Weltanschauung auseinanderzusetzen.

Das Buch »*Bis zu den Wurzeln des Regenbogens*«, welches seinem Weltbild Rechnung trägt ist das erste, das *Oswald Thömmes* für die Allgemeinheit verfasst hat.

Oswald Thömmes

Bis zu den Wurzeln

des Regenbogens

Bibliografische Information der Deutschen Nationalbibliothek:

Die Deutsche Nationalbibliothek verzeichnet diese Publikation in der Deutschen Nationalbibliografie; detaillierte bibliografische Daten sind im Internet über - *http://dnb.dnb.de* abrufbar.

Die automatisierte Analyse des Werkes, um daraus Informationen insbesondere über Muster, Trends und Korrelationen gemäß §44b UrhG („Text und Data Mining") zu gewinnen, ist untersagt.

© 2024 **Oswald Thömmes**

Gesamte Buchgestaltung: **Oswald Thömmes**

Herstellung und Verlag:
BoD – Books on Demand, Norderstedt

ISBN: 978-3-7583-3057-5

Was wir erleben, sind die Schatten und das Echo der
Wirklichkeit.
Unser Blick weitet sich nur, indem wir uns dem
bescheiden und demütig erweisen, von dem wir nicht
wissen das es ihn gibt.
Den Geist, der sich in der Schöpfung manifestiert.
Ein Paradox, dass nur die Weisheit aufzuheben vermag.

Begegnung mit der anderen Wirklichkeit.

Es war früher Morgen, als ich an dem aus Quarzit geformten Felsmassiv ankam. Dieses Felsmassiv befindet sich mitten im Wald und ähnelt in seiner Silhouette einer Burgruine. Was hierbei den Wehrturm darstellt, ist ein fünfzehn Meter hoher Fels, er befindet sich westseitig vom eigentlichen Massiv. Von dort oben, der höchsten Stelle des Felsmassivs beabsichtigte ich an jenem Morgen den Sonnenaufgang zu fotografieren.

Dies zu tun hatte ich mir schon seit Jahren vorgenommen, doch immer wieder ließ ich mich durch irgendetwas dazu verleiten, dieses Vorhaben zu verschieben. Einmal war das Wetter der Grund, das ich mir hierfür ganz anders vorgestellt hatte. Ein anderes Mal kreuzte es sich mit etwas anderem, weil das Andere mir ebenso wichtig schien. Manchmal war der Grund der Verschiebung einfach der, dass mir zu dem bestimmten Zeitpunkt die Motivation für meine Leidenschaft des Fotografierens abhandenkam. Zuletzt hatte ich sogar den Verdacht, dass Verschieben für dieses Vorhaben sei mittlerweile zu einer Gewohnheit geworden. Um aus diesem Kreis auszubrechen, wollte ich mir keinen weiteren Aufschub mehr erlauben. Dieser 16. Juni war ein Sonntag, das Wetter war stabil und konnte nicht besser sein.

So stieg ich jetzt über mehrere Quader bis zu der Stelle, die mir für den Aufstieg zusagte. Um meine Hände frei zu haben, hängte ich mir das Stativ und die Kamera um und kraxelte aufwärts. Auf dieser Strecke gibt es Felskanten, Vorsprünge, auch kleine Baumstämmchen die hier ihr karges Leben fristen, sodass man in jeglicher Weise festen Halt hat. Im letzten Drittel, in einer schmalen Felsspalte fiel mir ein Gegenstand auf, den ich durch die zeitbedingte Dämmerung nicht genau erkennen konnte. Dieses Etwas machte mich neugierig. Wer mag hier aufgestiegen sein und trug sowas bei sich, was mag es sein? Ich konnte mir auch nicht vorstellen, dass es sozusagen vom Himmel hierher gefallen sein sollte. Ich sah rechtsseitig der Felsspalte einen kleinen Absatz, auf dem mein rechter Fuß genügend Halt hatte, und räkelte mich mit meiner rechten Hand nach diesem Gegenstand. Die Spalte war jedoch zu eng um ihn umgreifen zu können. Deshalb umklammerte ich ihn mit Zeige und Mittelfinger, um ihn so aus der Felsspalte herausziehen zu können. Dieses Etwas war flach, etwa so groß wie zwei Handflächen und vielleicht so dick wie mein Daumen breit ist. Da er mit etwas dünnem, Lederartigem umwickelt und verschnürt war, blieb sein Inhalt erstmal ein Geheimnis. Ich steckte dieses Teil, soweit es ging in meine Jackentasche und führte den Aufstieg fort.

Oben angekommen setzte ich als erstes mein Dreibeinstativ auf eines der kleinen Plateaus, die den Felsgipfel bilden. Hiernach montierte ich meine Kamera darauf, richtete sie so aus, dass sie den Bereich aufnehmen konnte, wo ich den Sonnenaufgang erwartete. Als letztes befestigte ich den Drahtauslöser an die Kamera und nahm die Kameraeinstellungen vor. Jetzt galt es nur noch im richtigen Moment die Kamera auszulösen.

Da ich hierfür genügend Zeitvorsprung hatte, holte ich das aus der Felsspalte geborgene Fundstück hervor, um seinen Inhalt zu erkunden. Hierfür setzte ich mich auf eine Felskante, links unmittelbar neben das Stativ. Den Doppelknoten am Ende der Verschnürung löste ich mit Hilfe des

Korkenziehers, der in meinem Taschenmesser integriert ist. Das Fundstück zeigte sich zunächst als unliniertes Taschenbuch. Der Aufkleber für eine eventuelle Inhaltsangabe war unbeschriftet. Beim Durchblättern dieses Taschenbuches schien mir der Inhalt nicht einem bestimmten Thema zugedacht. So enthielt es Skizzen von Örtlichkeiten in der Natur, eventuelle Wanderrouten mit detaillierter Angabe, sowie Zeichnungen, die man verschiedenartig interpretieren kann. Dann gab es ein paar Seiten, auf die irgendwelche Formeln aufgezeichnet schienen. Die meisten darin verwendeten Zeichen waren mir unbekannt. Außer ein paar allgemein bekannten Formeln, fehlt mir hierfür das Verständnis. Das Büchlein war zu etwa einem Drittel noch unbeschriftet.

Auf der letzten beschrifteten Seite, einer Doppelseite, befand sich eine handgezeichnete Grafik. Diese Grafik hatte für mich einen künstlerischen Anschein. Alles darin schien ausgewogen. Die Fragmente, Collagen, alles war stimmig. Bei längerem Hinschauen schien die Grafik dreidimensional, doch etwas unscharf zu sein. Als ich die Grafik berührte, verhielt sich das Ganze vergleichsweise, als wenn man einen Tropfen Lösungsmittel auf die Mitte einer mit dünnem Ölfilm überzogenen Wasserpfütze fallen lässt. Dabei zerreißt der Film von innen kreisförmig nach außen, sodass man danach klar auf den Grund der Pfütze schauen kann. Genauso verhielt sich der Schleier, der für die Unschärfe verantwortlich war. Das Büchlein zeigte sich hiernach bis zur ersten Seite transparent. Ich bekam das Gefühl mich in das Büchlein hinein zu verlieren. Plötzlich hatte alles was mir beim Durchblättern verschlossen war einen Sinn. Sogar die mir nicht zugänglichen Formeln zeigten sich als Schönheit der Natur. Mit Worten kann ich dieses Erscheinen nicht beschreiben, da ich aus der Realität nichts Vergleichbares kenne. Als ich etwas benommen wieder aufschaute, hatte ich das Gefühl hier nicht allein zu sein.

So sah ich nach rechts, da es hier sonst keine weitere Möglichkeit gab wo sich eine weitere Person aufhalten konnte. Ich war keineswegs erschrocken, als ich neben dem aufgestellten Stativ jemand sitzen sah. Ein Mann, der auf mich einen in sich ruhenden Eindruck machte, schaute nach dort, wohin ich meine Kamera ausgerichtet hatte. Altersmäßig schätzte ich ihn ein paar Jahre älter als siebzig. Ich fragte mich, wie er wohl so unbemerkt hierhergekommen sein mag. Momentan war alles etwas sonderbar. Nachdem wir uns gegrüßt hatten meinte er, um den Sonnenaufgang zu fotografieren, hätte ich noch etwas Zeit. Ich sagte ihm, dass ich die Stelle für das gedachte Foto auf dem Film mit meiner Spiegelreflex Analogkamera doppelt belichten möchte, da sonst der Bereich unter dem Horizont etwas unterbelichtet, somit auf dem Foto zu dunkel erscheinen würde. Für die erste Belichtung müsste ich die Kamera bereits vor Sonnenaufgang auslösen.

Mein neuer Bekannter schien diese Thematik sofort zu verstehen. Ohne weitere Erklärung wusste er in etwa, wie ich diesbezüglich vorgehen würde.

Bei der ersten Belichtung, es waren noch zwanzig Minuten bis zum Sonnenaufgang, hielt ich am Objektiv mit einem lichtundurchlässigen Teil den Bereich über der Horizontgrenze bedeckt. Ohne dies wäre wahrscheinlich das was sich über dem Horizont befindet, durch die für diesen Bereich zu langer Belichtungszeit überbelichtet geworden. Mittlerweile wurde es 05:22 Uhr – Sommerzeit. Mein neuer Bekannter schaute gebannt nach dort, wo eine Minute später das erste Licht der Sonne zu sehen war. Dieses erste Sonnenlicht schien er mit einer gewissen Ehrfurcht zu betrachten, wobei ich mich eher darauf konzentrierte, in welchem Moment ich die Kamera für die zweite Belichtung auslösen soll. Als die Sonne zu zweidrittel zu sehen war, glaubte ich, dass dieses der Moment sei, den ich mir vorgestellt hatte. So löste ich die Kamera mit dem Drahtauslöser aus. Das Auslösen mit dem Drahtauslöser verhindert, dass es zu unbeabsichtigten Verwackelungen kommen kann. Gegen Ende des Sonnenaufgangs schaute es aus, als wollte sich die Sonne ungern vom Horizont lösen, ähnlich einem Wassertropfen der sich vor dem Fall noch mit letzter Kraft an dem Gegenstand festhält, wo er sich gebildet hatte.

Mein neuer Bekannter, von dem ich noch nichts wusste, den ich mich auch nicht traute auf seine Person hin etwas zu fragen, begann mir folgendes zu erklären.

»Die Sonne besteht noch zu 73 % aus Wasserstoff. Wasserstoff ist das leichteste Gas, so auch das chemische Element mit der geringsten Atommasse. Er ist auch das Element, dass im Universum am häufigsten vorkommt. Durch den hohen Druck innerhalb der Sonne fusioniert *(verschmilzt)* Wasserstoff zu Helium. In einer Sekunde sind dies 564 Millionen Tonnen Wasserstoff, die zu 560 Millionen Tonnen Helium werden. Die Masse, die durch diesen Prozess an Helium gegenüber dem umgewandelten Wasserstoff fehlt, wird als Strahlungsenergie freigesetzt. Durch die hohe Dichte im Inneren der Sonne wird diese entstandene harte Gammastrahlung, die sich in Richtung Sonnenoberfläche bewegt, ständig umgeleitet. Hierbei verliert sie kontinuierlich an Energie. Demzufolge nimmt die Wellenlänge der Strahlung zu. Nach etwa 10.000 bis 100.000 Jahren kommt diese Strahlung an der Oberfläche der Sonne an. Von hier breiten sich diese Photonen (*Lichtteilchen*) aus. Ein kleiner Anteil dieser Photonen gelangt zur Erde, wo sie von allem was lebt sehnlichst erwartet werden. Ohne diesen Jahrtausenden langen Umweg des Lichtes und der daraus folgende Energieabnahme, wäre kein Leben auf der Erde möglich.«

So begann ich nun mit geschlossenen Augen das Gesagte, und das mit dem Büchlein erlebte zu verinnerlichen. Dabei fiel mir einiges ein, was ich mein Gegenüber fragen wollte. Ich kann nicht abschätzen, wie lange ich mich in dieser Haltung befand. Als ich wieder aufschaute war ich verwundert, mein neuer Bekannter schien nicht mehr hier zu sein.

Der Maler.

Nachdem ich wieder vom turmähnlichen Felsen abgestiegen war, beabsichtigte ich auf die andere Seite des sich bis zu 210 Meter erstreckenden länglichen Gesamtmassivs zu gehen. Neben dem turmähnlichen Gebilde ist das Massiv bis zu 13 Meter Länge derart tief gelegen, sodass man mit festem Schuhwerk mühelos zur gegenüber liegender Seite gelangen kann. Von dieser Seite erscheint das Massiv ebenso imposant, dazu in neuem Bild. In Gedanken war ich immer noch bei dem, was sich mir in dem Taschenbuch in einer Art Vision zeigte. Wollte ich das was ich vernommen hatte nicht als Träumerei abtun, sah ich keine andere Möglichkeit, als neue Wege in meinem Denken zuzulassen. So verließ ich auch durch Intuition meinen physikalisch eingeschlagenen Weg und folgte in der Mitte der Längsseite des Massivs einem Pfad, der offensichtlich durch Menschen so entstanden ist. Er führte zunächst durch einen Teil, der mit ausgewachsenen Buchen bewaldet war. Zwischenzeitlich fiel mir das leise gewordene Vogelgezwitscher auf. Dafür konnte ich das Rascheln auf dem Waldboden deutlicher vernehmen. Im weiteren Verlauf zeigte sich dieses Waldgebiet immer mehr als Mischwald. Ein Eichhörnchen sprang von Ast zu Ast und verließ kopfüber den Baum. Ein Specht hämmerte von Weitem, wobei ich nicht ausmachen konnte, an welchem Baum er sich befand. Ein größerer dunkler Vogel verließ mit kräftigem Flügelschlag schräg über mir eine Baumkrone, wobei ich in dieser Stille halbwegs erschrocken reagierte. Wenige Minuten später kam ich zu einer etwas größeren Lichtung. Auf der anderen Seite dieser Lichtung saß ein Mann auf einem dicken

Baumstamm am Frühstücken. Etwas abseits stand eine Staffelei auf der sich ein in Arbeit befindliches Bild befand, welches mit einem dunklen Tuch bedeckt war. Neben diesem Mann saß eine Katze, die er Ahron nannte. Er reichte ihr während er frühstückte aus einem Behältnis kleine Häppchen, die er eigens für sie mitgebracht hatte. Bei einem zunächst kurzen Wortwechsel erfuhr ich, dass dieser Mann Stephan heißt und eher gelegentlich mit dem Malen einen gewissen Ausgleich suchte. Als ich ihm sagte, weswegen ich unterwegs bin, meinte er: »Bei einer Fotografie sieht man die Realität, mit einem gemalten Bild hat man die Möglichkeit die Wirklichkeit zu zeigen«. Ich dachte, Realität und Wirklichkeit seien das Gleiche, scheute mich aber diesbezüglich nachzufragen. In der weiteren Unterhaltung erzählte mir Stephan, er habe bereits in seiner Jugend mit dem Malen begonnen. Anfangs hätte er das gemalt was er sah, später zunehmend seine Gedanken mit auf die Leinwand gebracht. Mittlerweile lag die Lichtung weitgehend im Sonnenlicht, wodurch es spürbar wärmer wurde. Ahron hatte sich inzwischen neben das Stativ gesetzt und begann mit seiner Katzenwäsche. Stephan nahm das Tuch von der Leinwand und korrigierte ein wenig die Position des Stativs. Nach einer kurzen Geste von Stephan, trat ich hinzu und betrachtete das in Arbeit befindliche Gemälde. Linksseitig zeigte es einen Baum, dessen Krone sich fast über den ganzen oberen Bereich des Bildes erstreckte. Dieser Baum war knorrig, wobei er sehr alt zu sein schien. Unter dieser Baumkrone befanden sich Sprösslinge und weitere Bäumchen, doch wesentlich kleiner, als der alles überragende knorrige Baum. Obwohl dieses Bild einen natürlichen Anschein hatte, schien alles irgendwie geordnet und strahlte Harmonie aus. Derweil zeichnete Stephan auf die untere Hälfte der rechten Bildseite eine grobe Skizze. Dieser Bereich der Leinwand war noch unbemalt. Stephan sagte: »Bäume und Pflanzen sind Lebewesen, die wie Menschen, Tiere und alle Organismen zur belebten Natur zählen. Beim Betrachten einer schönen Landschaft aus Wäldern und Wiesen sind wir zunächst von deren Form, Struktur und Farbgebung fasziniert. Betrachten wir hingegen einen einzelnen Baum, beginnen wir, je nach dem wo dabei unser Blick hinreicht, zu staunen«.

Unterdessen hatte Stephan etwas Farbe zu verschiedenen Brauntönen gemischt, die er dann in Abstufungen unten auf die Leinwand auftrug. Ich konnte nicht erkennen, was dieses darstellen sollte und fragte danach. Stephan schaute mich mit etwas Nachsicht an und sagte weiter:

»Vieles kann man oft erst mit gewissem Abstand erkennen, dies lässt sich vielfältig interpretieren«. Daraufhin trat ich von der bemalten Leinwand etwas zurück, sodass sich mein Abstand zu ihr etwas vergrößerte. Der besagte Farbauftrag zeigte sich jetzt als ein Baumstumpf mit auslaufenden Wurzeln. Stephan sagte weiter: »Wenn wir die Natur betrachten, nehmen wir diese zunächst als Realität wahr. Realität kommt von dem lateinischen Wort „Res" was Ding, bzw. dinglich bedeutet. Beim genaueren Betrachten der Natur, zeigt sich dennoch das Wort „Realität" als schlecht angebracht. Um dem gerecht zu werden, benutzen wir besser das Wort „Wirklichkeit," es kommt ja bekanntlich vom Verb, „wirken." Dieses trifft auch auf die unbelebte Natur zu, denn sie ist nur von außen gesehen statisch«. Hierbei musste ich daran denken, was Stephan anfangs gesagt hatte: »Bei einer Fotografie sieht man die Realität, mit einem gemalten Bild hat man die Möglichkeit die Wirklichkeit zu zeigen«.

Stephan schaute eine Weile zur knorrigen Buche und sagte weiter: »Das Leben dieser Buche begann mit einem Sämling vor schätzungsweise fast 300 Jahren. Sein Mutterbaum mit seiner imposanten Baumkrone stand damals genauso über ihm, wie er jetzt über seinen Nachkömmlingen steht. Bäume leben von Wasser, Mineralien und Kohlendioxyd. Wasser mit etwas Mineralien angereichert, entnehmen die Bäume über ihr Wurzelwerk dem Erdreich. Das Kohlendioxyd befindet sich in der Atmosphäre. Es gelangt durch die Spaltöffnungen der Blätter in deren Inneres. Die Spaltöffnungen werden mit Stomata bezeichnet, was man mit „Mund" übersetzen kann. Bei Laubbäumen befinden sich die Stomata auf der unteren, bei Wasserpflanzen auf der oberen Blattseite. Bei den Nadeln der Nadelbäume befinden sich die Stomata verteilt auf allen Seiten. In der vorliegenden Form, können die Bäume diese Stoffe nicht verwerten. Hierfür betreiben sie Photosynthese. Die Energie für diesen Umwandlungsprozess kommt aus dem Sonnenlicht. Die Photosynthese findet in den Chloroplasten statt. Chloroplasten sind Organellen, kleine Organe der Blattzellen, in denen sich das Chlorophyll befindet. Der rote und blaue Anteil des Sonnenlichts wird vom Chlorophyll absorbiert. Mit der Energie dieses Sonnenlichts wird aus dem Kohlendioxyd und Wasser, Zucker und ATP = Adenosintriphosphat hergestellt. ATP ist ein universeller Energieträger, der direkt zu nutzen ist. Diese Energie brauchen die Bäume um zu leben. Der erzeugte Zucker wird in alle Teile eines Baumes, auch in die Wurzeln transportiert. Aus ihm bilden die Bäume auch ihr Holz. Bei dem Umwandlungsprozess;

Kohlendioxyd in Zucker und Energie, wird Wasser gespalten. Der hierbei freigegebene Sauerstoff und Wasserdampf verlassen die Blätter durch die offenen Stomata. Leidet ein Baum unter Wassermangel, schließen sich die Stomata mittels ihrer Schließzellen, sodass kein Wasserdampf mehr die Blattzellen verlassen kann. Den nicht verwertbaren Grünanteil des Sonnenlichts reflektiert das Chlorophyll, daher haben die Blätter ihre grüne Farbe. Das restliche Licht des Spektrums passiert das Chlorophyll ungehindert. Die Photosynthese ist nur möglich, solange die Blätter genügend Sonnenlicht erhalten. Die Zellatmung ist nicht tagesabhängig, sie findet ununterbrochen statt. Die nicht tagesabhängige Zellatmung dient der Energiegewinnung und findet vorwiegend in den Mitochondrien statt. Bei der Zellatmung wird ein Teil des Zuckers in Verbindung mit Sauerstoff zu Kohlendioxyd und Wasser umgewandelt. Bei diesem Prozess entsteht Energie die benötigt wird, um Stoffe aufzubauen die für die Bäume lebenswichtig sind. Trotz dessen setzen die Bäume und andere Pflanzen mehr Sauerstoff frei, als sie verbrauchen«. Stephan wiederholte, dass Pflanzen und Bäume als Lebewesen, mit Menschen, Tieren und jeglicher Art von Organismen zu einem gewissen Maß vergleichbar seien.

Während Stephan dieses sagte, schaute ich seitlich auf sein Bild. Mich überkam das Gefühl wie ich es hatte, als ich auf dem turmähnlichen Felsen saß und in das Taschenbuch schaute, welches ich verpackt und verschnürt in der Felsspalte fand. Der Boden schien transparent, gleich ob ich auf das Bild, oder die Umgebung schaute. Die Bäume zeigten sich als in einer Gemeinschaft lebende Wesen. Zudem leben sie in Symbiose mit Pilzen. Was wir normal von Pilzen sehen, sind lediglich deren Fruchtkörper. Der Pilz selbst besteht aus den Hyphen, wie die Pilzfäden genannt werden. In der Symbiose geben sie den Bäumen vorwiegend in Wasser gelöste Mineralien, wie Phosphor und Stickstoff. Dafür umschließen sie mit ihren Fäden die Feinwurzeln der Bäume und dringen auch in sie ein, wobei sie sich zwischen den Wurzelzellen hindurchschieben. Im Austausch bekommen die Pilze von den Bäumen Zucker, den sie nicht selber herstellen können.

Auch junge Bäumchen und Triebe können ihren Bedarf an Zucker nur bedingt selbst herstellen. Für die Photosynthese fehlt ihnen Sonnenlicht. Da sie im Schatten ihrer Mutterbäume stehen, kommt nur ein geringer Teil Licht bei ihnen an. Den fehlenden Zucker, der ihr Überleben sichert bekommen sie von den Mutterbäumen. Den Transport übernehmen die Pilze, entsprechend von den Wurzeln der Mutterbäume zu den Wurzeln deren Nachkömmlinge.

Auch wichtig für ein soziales Miteinander ist die Kommunikation. Wird ein Baum von Schädlingen befallen, ist er keinesfalls wehrlos. Er lagert diesbezüglich Gift und auch Bitterstoffe in seinen Blättern ein. Zudem informiert er andere Bäume mittels Duftstoffe über die drohende Gefahr, damit diese mit entsprechender Gegenwehr beginnen können. Gleichzeitig gibt er diese Information über die Wurzeln zu den Pilzen, die diese an die anderen Bäume weitergeben. Hiermit ist die Informationsweitergabe letztlich nicht nur von der Windrichtung abhängig. Bäume haben genau wie wir ein Gedächtnis. Beispielsweise, am Speichel von Raupen erkennen Bäume gegen welchen Schädling sie sich wehren müssen. Es besteht teils die Annahme darüber, was bei Menschen und Tieren das Gehirn ist, befände sich

bei den Bäumen in den Wurzeln. Die Bäume müssen ständig dazulernen, da die Fressfeinde im Lauf der Zeit ihre Strategie ändern. Dieses Wissen ginge mit dem Tod der Mutterbäume verloren, würden sie es nicht zuvor ihren Nachkömmlingen weitergeben. Um das Überleben der Art in Bezug Fortpflanzung zu sichern, haben Bäume eigens eine Strategie entwickelt. Sie sprechen sich sozusagen hierzu mit ihren Artgenossen ab. Dabei produzieren sie in gewissen Abständen ein Überangebot an Früchten. Damit ist die betreffende Tiergattung mit Nahrung überversorgt, sodass genügend Samen, oder dergleichen übrigbleibt, um den Fortbestand der Art zu gewährleisten. Hierbei sind ebenfalls die Pilze für die Informationsweitergabe behilflich. Ich fragte mich, woraus diese Information bestehen könnte, doch eine Antwort hierauf sollte ich erst später erhalten. Unterdessen vernahm ich eine Berührung an meinem linken Bein. Es war Ahron, die Katze von Stephan, die an meinem Bein vorbeistreifte. Zuerst mit ihrem Kopf, dann mit ihrer ganzen Körperseite. Zuletzt umklammerte sie mein Bein mit ihrem hochgestreckten Schwanz. Stephan sagte dabei in einem freundlichen Ton: »Ahron scheint dich zu mögen, er hat seinen Duft an dir angebracht. Dies bedeutet für ihn, du gehörst zu mir«. Hierüber erfreut ging ich in die Hocke, um Ahron zu streicheln. Ahron zeigte sich zunächst überrascht, ließ es dann aber zu.
Bevor ich Stephan und Ahron verließ fragte ich: »Stephan, wie lange glaubst du wird diese Buche noch hier so stehen«? Stephan ging etwas in sich und sagte: »Ich gehe davon aus, dass es zumindest noch mehr als siebzig Jahre sein werden. Dieser Baum hatte bis jetzt kein leichtes Leben, er hat bestimmt tiefe Wurzeln in der Mitte seines Wurzel-

stocks, was bei den trockenen Jahren wie wir sie derzeit haben überlebenswichtig ist. Zudem hat er weitreichende Flachwurzeln. Fichten als Flachwurzler und gepflanzte Bäume, die nicht in einem Familienverband groß geworden sind, haben es da nicht so leicht. Wenn diese Buche irgendwann stirbt und fällt, bekommen die jungen Bäumchen, die bis zu 150 Jahre darauf gewartet haben genügend Sonne. Dann beginnt ein schnelles Wachstum der Bäumchen in Konkurrenz untereinander. Meistens gibt es dabei nur einen Gewinner, der wiederum die andern in seinem Schatten stehen lässt«.

Begegnung mit dem Schäfer.

Ich hatte mich von Stephan verabschiedet und ging auf dem vom Felsmassiv kommenden Pfad weiter und gelangte auf einen breit ausgebauten Schotterweg, der abwärts in ein enges Tal führte. Bereits aus einiger Entfernung konnte ich das Rauschen des kleinen, von rechts kommendem Flüsschen hören. Hier überquerte ich das Flüsschen über eine schmale Fußgängerbrücke und folgte ihm nach links auf einem schmalen Waldweg. Nach kurzer Strecke öffnete sich die bewaldete Enge zu einem schmalen Wiesental. Nach geschätzten zwanzig Minuten führte mein Weg über eine Steinbrücke. Diese Brücke stellt sich als ein aus Schiefer hergestelltes Gewölbe dar. Die Brücke ist beidseitig durch eine ebenfalls hüfthohe Schiefermauer abgesichert. Ich setzte mich auf die Mauer der Brückenseite, die sich in Fließrichtung befindet. Von dort beobachtete ich den Wasserlauf mit seiner naturbelassenen Struktur. Ohne ansonsten etwas dazu beigetragen zu haben, verspürte ich ein tiefes Entspannt sein.

Nach kurzer Weile befand ich mich gedanklich bei Johannes, diese Begegnung lag schon einige Jahre zurück. Johannes kam alljährig im Herbst mit seiner Schafherde in die Gemarkung unserer Ortsgemeinde, um hier mehrere Tage seine Schafe zu weiden. Wenn wir uns begegneten, kam es auch meistens zu einer kurzen Unterhaltung. Doch dieses Mal sollte es anders sein.

Auf meinem Heimweg erblickte ich ihn schon von weitem mit seiner Schafherde. Als ich ihnen näherkam, sah ich Johannes, wie er dabei war einen Zaun zu einem Pferch für seine Schafe aufzustellen. An dieser Stelle ist das Grasland auf zwei Seiten mit Hagebuttensträuchern und Schlehenhecken umrandet. Hierdurch war der Pferch, somit auch die Schafe des nachts windgeschützt. Da mir das Aufstellen eines solchen Schafzaunes nicht fremd war, ging ich ihm zur Hand. Nachdem der Zaun stand und durch Eckpfosten stabilisiert war, legte Johannes als Sitz zwei würfelförmige Strohballen unter einen nahestehenden Apfelbaum. In unserer anschließenden Unterhaltung erfuhr ich einiges, was ich so nicht erwartet hätte.

Nachdem Johannes sein Abitur absolviert hatte, studierte er Biologie. Seine Frau Katharina, die er in dieser Zeit kennen lernte, studierte das Gleiche. Nach dem Studium ging Johannes in ein größeres Unternehmen und Katharina entschied sich hingegen für das Lehramt. In den Ferien und auch in seiner Freizeit war Johannes oft bei seinem Onkel Jakob. Jakob war ein Onkel mütterlicherseits, der die Schafherde seines Vaters übernommen hatte. Später im Berufsleben erinnerte sich Johannes oft an die gemeinsame Zeit mit Jakob. Jakob wusste vieles in der Natur zu deuten, er sprach auch einiges an, was Johannes so noch nicht gehört hatte.

Die Zeit brachte es mit sich, dass die Beiden sich immer weniger sahen. So vergingen Jahre. An einem gewissen Weihnachtsfest besuchte Johannes seinen Onkel. Zum einen wollte er Jakob damit eine Freude machen und zum anderen sich mal wieder ausgiebig mit ihm unterhalten. Da bei diesem Besuch die gesamte Familie beisammen war, wurden in der Unterhaltung ausschließlich alltägliche Themen behandelt.

Bei nahender Dunkelheit schickte Jakob sich an zu seinen Schafen zu gehen, um sie entsprechend zu versorgen.

Johannes sagte daraufhin zu Jakob: »Wenn es dir recht ist, würde ich gerne mit dir gehen«. Beide gingen auf dem kürzesten Weg, teils querfeldein zu dem Anwesen, wo Jakobs Schafe überwinterten. Dieses Anwesen besteht aus einem Schafstall mit angrenzender Weidefläche. Zunächst verteilten beide Heu in die Futterraufen. Gras und Heu ist das Hauptfutter für Schafe. Danach legte Jakob drei neue Lecksteine in die dafür vorgesehenen Schalen. Das in den Lecksteinen enthaltene Salz sowie Mineralien ist ein Futterergänzungsmittel. Draußen neben dem Stalleingang lagen noch die Reste der Zweige, die Jakob am Mittag dort für die Schafe ausgelegt hatte. Diese Zweige hatte Jakob von bestimmten Gewächsen entnommen. Die Rinde und Knospen dieser Zweige enthalten diverse Nährstoffe, Bitterstoffe und Vitamine. Die darin enthaltene Raufaser unterstützt die Verdauung. Die Schafe nehmen diese und auch andere Art Zweige gerne als Abwechselung an.

Während die Schafe fraßen, nahm Jakob Johannes beiseite und sagte, dass er im kommenden Jahr eine schwere Entscheidung zu treffen habe. Weiter sagte Jakob: »Ich spüre zunehmend, dass ich kräftemäßig an mein Limit komme. Ich wünsche jemand zu finden, der oder die diese Schäferei in meinem Sinne weiterführt. Was zu tun ist, sollte ich dazu niemand finden, daran möchte ich jetzt noch nicht denken«. Johannes fühlte sich von dieser Mitteilung mehr getroffen, als er sich anmerken ließ.

Das neue Jahr war eine Woche alt, als Johannes erneut mit Katharina, seiner Frau zum Anliegen von Jakob ins Gespräch kam. Dieses Mal zeigte sich Johannes darüber mehr bedrückt als sonst. Er ging etwas in sich und meinte: »Ich muss wohl sehr naiv gewesen sein, als ich glaubte, nach meinem Berufsleben wieder mit Jakob als Schäfer unterwegs sein zu können«.

Ich saß mit Johannes auf den Strohballen und erkannte, dass auch bei mir der Wunsch oft der Vater eines Gedankens ist. Dann erzählte Johannes weiter, dass es Katharina war die den Vorschlag machte, er soll doch jetzt schon aus seinem bisherigen Berufsleben aussteigen und mit Jakob die Schäferei am Leben erhalten. Sie sagte weiter: »Es macht auf die Dauer krank, wenn man gegen seine Gefühle angeht«. Daraufhin wechselte Johannes im Mai des gleichen Jahres zu Jakob, wobei abgesprochen war, dass Johannes gegen Jahresende die Schäferei übernehmen würde. Die Arbeitsabläufe waren die gleichen wie damals, als Johannes seine Ferien bei Jakob verbrachte. Da Beide aufeinander eingespielt waren, bedurfte es bei den gängigen Tätigkeiten nur weniger Worte. Mit den Hütehunden war das anders, Johannes musste sich erst einmal mit ihnen entsprechend vertraut machen. In den Ruhephasen und am Abend redeten Jakob und Johannes viel miteinander. Dies war auch schon damals so, als Johannes in seinen Schulferien bei Jakob war.

Wenn man am Abend zum Himmel schaut, richtet sich bei klarer Sicht zwangsläufig der Blick nach oben zu Mond und Sternen. An einem solchen Abend saßen Jakob und Johannes gemeinsam bei den Schafen. Es war so still, dass man das Wiederkäuen der Schafe hören konnte. Ohne ein Vorwort zitierte Jakob Faust, aus der gleichnamigen Tragödie von Johann Wolfgang von Goethe:
»Das ich erkenne, was die Welt im Innersten zusammenhält«. Johannes antwortete darauf: »Wenn man wüsste, nach welchem Prinzip die Welt aufgebaut ist, wäre man

einer Antwort hierauf ein deutliches Stück näher«. Darauf begann Jakob darzulegen, wie sich sein persönliches Weltbild entwickelt hat.

Die ersten Eindrücke hierzu bekam Jakob bereits im Kindesalter. Die Sonne geht auf und unter, das Gestirn galt als statisch. Dann wurde ihm die Schöpfungsgeschichte aus der Genesis nahegebracht. Darin sah er keinen Widerspruch zu dem was er wahrnehmen konnte. Auch in der Schule lernte er nichts, wobei sich etwas widersprach.

Dass die Erde rund ist und sich mit anderen Planeten um die Sonne dreht bedeutete für Jakob kein Umdenken, sondern dazulernen. Später las Jakob in einem der wenigen Bücher, welche sich im Familienbesitz befanden, dass man in der Zeit von Aristoteles *(384 – 322 v. Chr.)* bis in das 16. Jahrhundert von einem Geozentrischen Weltbild ausging. In diesem Weltbild befindet sich statt der Sonne die Erde im Zentrum. Mit Nikolaus Kopernikus (*1473 - 1543*), Johannes Kepler (*1571 – 1630*) und Galileo Galilei (*1564 – 1642*) setzte sich das Heliozentrische Weltbild durch. Für die Inquisition der römisch-katholischen Kirche war dieses eine Glaubensangelegenheit. Für sie hatte sich die Erde im Zentrum zu befinden. Galileo-Galilei musste nach über 20-jähriger Auseinandersetzung am 22. Juni 1633 vor der Inquisition seiner angeblichen Irrlehren abschwören. Doch auch solches Vorgehen konnte diese Lehre auf Dauer nicht zunichtemachen.

Im Jahr 1859 veröffentlichte Charles Darwin (*geb. 12. Februar 1809 in Shrewsbury*) sein Buch über die Entstehung der Arten, was fortan mit Evolutionstheorie bezeichnet wurde. Nach dieser Theorie sei das Leben aus sich heraus entstanden. Aus einer gemeinsamen Urform hätten sich alle Arten von Leben entwickelt. Diese Theorie wurde zunächst mehrheitlich abgelehnt, später jedoch anerkannt.

Am Anfang des zwanzigsten Jahrhunderts entdeckte Edwin Hubble, dass sich außerhalb der Milchstraße weitere Galaxien im Weltall befinden. Milton Humason wies beim Licht der Sterne dieser Galaxien eine Rotverschiebung nach. Durch dieses Faktum sah Georges Lemaître (*geb. 1894 in Charleroi, Belgien*) im Juni 1927 das sich das Weltall ausdehnt, bzw. expandiert. Im Jahr 1931 erschien sein Aufsatz, in dem er seine Urknalltheorie darlegte. Georges Lemaître war Theologe, katholischer Priester und Astrophysiker.

Es war im November 1951, als Papst Pius XII. eine Rede vor den Mitgliedern der Päpstlichen Akademie der Wissenschaften hielt. In dieser Rede sah Papst Pius XII. die biblische Schöpfung und den Urknall in Einklang.

An manchem was Jakob in diesem Buch erfahren hatte, begann er zunehmend zu zweifeln. Zum einen an der Theorie vom Urknall, zum anderen an der Evolutionstheorie. Bei beiden Theorien entsteht etwas aus dem Nichts. Gemäß dem Kausalitätsprinzip hat für Jakob der jahrhundertalte Spruch: „Von Nichts kommt Nichts" Gültigkeit und wird immer Gültigkeit haben. Hinzu kam, dass diese Theorien so wie sie dargestellt sind, sich nicht mit seinem Gottesglauben vereinbaren ließen. So unterhielt sich Jakob beim Schafe hüten mit seinem Vater, der damals der Schäfer war über dieses Thema. Der erinnerte ihn, dass in dem besagten Buch auch zu lesen sei, dass schon Aristarch von Samos (*310 – 230 v. Chr.*) davon ausging, dass sich nicht die Erde, sondern die Sonne im Zentrum befände. Mit seiner Theorie konnte er sich damals nicht durchsetzen, außer Seleukos von Seleukia (*190 – 150 v. Chr.*) stand ihm hierbei niemand zur Seite. Ptolemäus (*100 – 160 n. Chr.*) der von einem Geozentrischen Weltbild ausgegangen ist, hat sich eine Planetenbahn ausgedacht, womit er trotz falscher Voraussetzungen die Sonnen und Mondfinsternis relativ exakt vorhersagen konnte. Dann bekam Jakob von seinem Vater den Ratschlag: »Du siehst doch, die Darstellung des Ptolemäus, die anderthalb Jahrtausend als gesichert galt, konnte letztendlich durch eine von Nikolaus Kopernikus neue nachvollziehbare ersetzt werden. Theorien, die bei dir begründbare Widersprüche auslösen, sollst du für dich nicht übernehmen. Versuche mit deinen eigenen Gedanken eine Antwort auf diese Fragen zu finden«.

Am Abend redete Jakob erneut mit seinem Vater über den Schöpfungshergang, ob Gott nicht doch seine Schöpfung mit einem Urknall begonnen haben könnte. Die Mutter von Jakob saß mit am Tisch und war dabei ein paar Wollhandschuhe zu stricken, wobei sie dem Gespräch von Jakob mit seinem Vater zuhörte. In einem bestimmten Moment legte sie ihre Stricksachen etwas beiseite und ging zu dem Schrank, in dem sich die Bücher befanden. Sie nahm daraus ein Buch, legte es auf den Tisch und begann darin zu suchen. Dieses Buch ist ein Teil der Gesamtbibel, eine Vulgata – Altes Testament, deren fünfte Auflage aus dem Jahr 1910. An der Stelle: 1. Buch der Könige 19. Kapitel Vers 11 legte sie ihren Finger auf das Blatt und begann für sich bis Vers 13 zu lesen. Dann sagte sie: »Die Bibel beginnt mit der Schöpfungsgeschichte. Die Schöpfungsgeschichte selbst beginnt mit den Worten: „*Im* Anfang schuf Gott Himmel und Erde." Ich denke, diese Stelle muss wörtlich genommen werden! Gott befand sich demnach mit in seiner

Schöpfung und nicht irgendwo außerhalb. Wenn Georges Lemaître Recht hätte, müsste Gott selbst im Urknall erschienen sein. In Getöse, Gepolter oder dergleichen zu erscheinen, entspricht aber nicht der Wesensart Gottes. Hier habe ich gerade gelesen, wie Gott dem Propheten Elias am Berg Horeb erschien. Diese Erscheinung begann mit starkem Wind, danach mit Erdbeben und Feuer. In keiner dieser lauten Erscheinungen war Gott. Schließlich hörte Elias ein leises Säuseln, in dem er Gott erkannte«. Ihr Mann sagte darauf: »Diese Bibeltexte gelten nur für Menschen, die an einen persönlichen Gott glauben. Leider schiebt ein Großteil der Wissenschaftler dies als nichtrelevant beiseite. Gelegentlich lese ich auch in dem Buch, mit dem sich Jakob derzeit beschäftigt. Nach Charles Darwin ist das Leben durch Zufall entstanden, woraus sich alles Leben auf der Erde entwickelt hat. Der Anteil der Wissenschaftler, der an einen persönlichen Gott glaubt ist sehr gering. Einer dieser wenigen ist Max Planck. Er ist der Begründer der Quantentheorie. In diesem Bereich der kleinsten Teilchen scheint es andere Gesetze zu geben, wie sie Isaac Newton in der Mechanik beschrieben hat. Man erkannte, dass was entstand nicht durch Zufall so geworden sein kann. Max Plank spricht von einem Geist der sich in der Schöpfung zeigt, der dem unseren weit überlegen ist. Dieser Geist ist für ihn ein persönlicher Gott. Andere Wissenschaftler kommen in ihrem Verständnis zur Natur auch nicht ohne das Wirken eines Geistes aus. Sie benennen ihn in ihren Erklärungen auch mit Gott. Jedoch ist für sie Gott, wie er im Pantheismus verstanden wird. Sie verstehen darunter die Naturgesetze, eine Intelligenz die aus sich heraus entstanden ist, ohne Wesenszugehörigkeit. Diese Intelligenz wird auch gelegentlich mit „zentrale Ordnung" bezeichnet«. Zu Jakob sagte sein Vater dann weiter:

»Ich bin weit davon entfernt anzuzweifeln, dass das Weltall expandiert. Jedoch, an den Urknall glaube auch ich nicht. So sind eben die Menschen. Nachdem sie die Expansion des Weltalls erkannt haben, war wohl die einfachste Lösung, da ist aus dem Nichts heraus etwas explodiert und seitdem dehnt sich dieses Etwas immerzu aus. Rein zufällig soll nebenbei daraus diese herrliche Welt entstanden sein«. Jakobs Vater sagte weiter: »Und trotzdem, da gibt es Wissenschaftler, die in unserem Jahrhundert ordentliches geleistet haben. Hier denke ich an Max Planck, Niels Bohr, Lise Meitner, Otto Hahn, Albert Einstein, Wolfgang Pauli, Werner Heisenberg, Pascual Jordan, Erwin Schrödinger und Carl Friedrich von Weizäcker«.

Jakob sagte lange nichts, dann ging er zum Schrank und nahm das besagte Buch wieder hervor und blätterte darin herum. Es schaute aus, als ob er selber nicht wisse was er suchte. Dann kam er auf die Seite, wo das Weltall mit einem Teil der Galaxien abgebildet ist. Jakob schaute sehr lange darauf, wobei er mehrmals seine Augen schloss. Dann schob er das Buch ein wenig beiseite und sagte zu seinen Eltern: »Mir ist eine Idee gekommen, warum unser Weltall expandieren könnte. Um meiner Idee auf den Grund gehen zu können, brauche ich viel Zeit und Papier«. An dieser Stelle wurde unsere Unterhaltung abgebrochen, da Katharina, die Frau von Johannes mit einem Gefährt ankam, auf das eine kleine Behausung aufgebaut war. Wir unterhielten uns dann noch eine Weile zu dritt. Dabei erzählte ich auch einiges über mich. Dass ich aus einem dorfüblichen Bauernhaus stamme, wo die Kinder relativ früh in das komplexe Leben eingebunden waren. Elisabeth, die Frau von Jakob bekam feuchte Augen als ich erzählte, dass unser Dorf damals weniger herausgeputzt, jedoch lebendiger war. Das sich fast bei jedem Haus im Dorf ein Misthaufen befand. So überflogen ab Frühling die Schwalben die Misthaufen ganzer Straßenzüge und sammelten im Flug die darüber fliegenden Mücken ein. An der Kapelle und vielen Häusern bauten die Schwalben ihre Nester mit feuchter Erde, wofür es damals an nichts fehlte. Andere Vogelarten legten in diversen Mauerlöchern ihre Nester an. Dies war damals nichts Besonderes, doch schön anzusehen, wie die Vögel ihre Brut fütterten. In den meisten Häusern kamen in dieser Zeit kleine Kätzchen zur Welt.

Die Leute waren Selbstversorger. In den Gärten reifte immer etwas heran, wobei die Nachbarn sich gegenseitig aushalfen. Sei es mit Ratschlägen, jungen Pflänzchen, oder erntereifem Gemüse, es galt auszuhelfen ohne geschäftsmäßigen Hintergrund. Die Haustüren standen normal tagsüber offen, eine Türklingel gab es nur an den wenigen neueren Häusern. Vieles hat sich zum Modernen gewandelt, damit nicht gleichzeitig zum Besseren oder Schlechteren. Im Dorf selbst gibt es heute keinen landwirtschaftlichen Betrieb mehr. Die Gärten sind mehrheitlich zu Rasen, Blumen und Sträucher-Gärten geworden. Die Lebensbedingungen der Vögel haben sich verschlechtert, sind damit weniger geworden. Dieses zeigt sich deutlich bei den Spatzen und Schwalben. Natürliche Wasserpfützen gibt es nur sehr selten. Die Spatzen finden nur noch wenige Stellen zum Brüten. Um die Natur dort zurückzudrängen, wo sie nicht erwünscht ist, kommt es zu perversen Auswüchsen. So wird das was man als Unkraut versteht an diversen

Stellen mit Gasbrennern verbrannt. Das hierbei Organismen, Kleintiere, ob nützlich usw. mit verbrannt werden, wird nicht hinterfragt. Unter dem Wort Vogelspikes kann man sich wohl nichts vorstellen, wenn man diese nicht bildlich wahrgenommen hat. Vogelspikes sind ein Gebilde mit aufgereihten Spießen aus Stahl, die beim Verbleiben die Tiere aufspießen würden. Diese Gebilde aus Stahlspießen, sind zunehmend an öffentlichen Gebäuden, darunter auch Kirchen, sowie privaten Häusern zu sehen.

Dem gegenüber hat sich für Tiere mit direktem Kontakt zu Menschen; sprich Haustiere, vieles verbessert. Doch das Miteinander der Menschen im Dorf ist nicht mehr das Gleiche, den Kontakt über den Gartenzaun gibt es so auch nicht mehr.

Es war spät geworden, als wir uns mit der Hoffnung auf ein Wiedersehen verabschiedeten.

Das Wiedersehen.

So saß ich auf der Steinmauer der Brücke und versuchte meine Gedanken zu Johannes und Elisabeth noch etwas festzuhalten, was mir aber nur für kurze Zeit gelang, denn das was ich real sah schien den stärkeren Einfluss zu haben. In diesem Moment stand für mich die Entscheidung an, zurück oder weitergehen. Ich ging weiter und sah hinter der Talbiegung eine Ansiedlung mit drei Häusern. Eigentlich wollte ich daran vorbeigehen, hätte ich einen der beiden Männer die vor dem mittleren Haus saßen nicht erkannt. Er war der Mann, der am frühen Morgen plötzlich auf dem turmähnlichen Felsmassiv neben mir saß. Ich hielt es dem Anstand geschuldet stehen zu bleiben um zu grüßen, und eventuell ein paar Worte mit den Beiden zu wechseln. Der zweite Herr stellte sich mit Friedrich vor und bat mich zusammen mit dem Mann, dessen Name ich nicht wusste etwas zu verweilen. Nachdem ich mich vorstellte, erfuhr ich das der Mann vom Felsmassiv Christian heißt. Nachdem ich bei Friedrich und Christian vorm Haus Platz genommen hatte, erzählte ich auch von mir, zudem von meiner Begegnung mit Stephan dem Maler und meiner Erinnerung auf der Brücke, an Johannes und seine Frau. Friedrich zog seine Brille zur Nasenspitze vor, schaute mich darüber an und sagte: »Eigentlich wollten Johannes und Elisabeth heute noch hier vorbeikommen«. Natürlich sagte ich, dass ich mich freuen würde die Beiden wiederzusehen. Danach ging unsere Unterhaltung zu alltäglichen Themen über. Nach kurzer Zeit kamen Johannes und Elisabeth wie angesagt. Ihr Gefährt war noch das gleiche von damals. Sie beabsichtigten zunächst nur kurz Platz zu nehmen, da sie nach längerer Zeit wieder zu Fuß zum 45 Minuten entfernten Sauerbrunnen gehen wollten. Als es soweit war, entschied ich mich mitzugehen. Wie es nicht anders sein konnte, fragte ich unterwegs Johannes, welche Idee seinem Onkel Jakob damals vorschwebte, womit er für sich begründen wollte, warum es den Urknall nicht gegeben haben muss. Johannes lachte kurz und sagte, dass er mit dieser Frage gerechnet habe. Dann sagte Johannes, der Anlass von Jakobs Überlegung sei gewesen, weil sich der Mond jährlich 3,8 Zentimeter von der Erde entferne. Er habe sich an die Worte von Aristoteles (*384–322 v. Chr.*) erinnert: »Das Leben besteht in der Bewegung«. Jakob erweiterte für sich diese Worte und sagte: »Das Ganze besteht in der Bewegung«. So habe auch Werner Heisenberg (*1901 – 1976*) oft vom Ganzen gesprochen. Heisenberg erhielt 1932 den Nobelpreis für die Begründung der Quantenmechanik, er war einer der bedeutendsten Physiker des 20. Jahrhunderts. Auch die kleinsten Teilchen bewegen sich in sich, die Planet in den Galaxien um deren Sterne. Während sich Planeten dabei um sich selbst drehen, haben sie Monde, die sie begleiten, indem sie sich um ihre Planeten drehen. Auch die Galaxien selbst drehen sich als Ganzes links oder rechts um sich selbst. Als letzte Konsequenz sei anzunehmen, dass sich ebenso das gesamte Universum in dieser Form dreht, wobei es die Spiralform der Galaxien ebenso zu eigen haben sollte.

Diese Spiralen haben sich zu ihrer Form durch eine Vorgabe gebildet, die sich die Natur selbst gegeben hat. Diese Vorgabe kann mathematisch beschrieben werden. Grundlage hierfür ist die Fibonacci-Folge. Diese Folge beginnt mit der Zahl Eins. Bei dieser Folge werden die zwei letzten Ergebnisse addiert.

Beispiel: =1 (0+1)=1 (1+1)=2 (2+1)=3 (3+2)=5 (5+3)=8 (8+5)=13 (13+8)=21 (21+13)=34 ……usw. So besteht diese Folge in den Zahlen: 1, 1, 2, 3, 5, 8, 13, 21, 34 ..usw. Der Aufbau der Spiralform erfolgt, indem Quadrate nach Größenordnung der Fibonacci-Folge, nach links oder rechts zusammengestellt sind. Beginnend mit dem ersten Quadrat sind die Diagonalen durch Viertel – Kreise an den Punkten miteinander verbunden, sodass sich dies im nächst größeren Quadrat weiterführen lässt. (*Bild 1*)

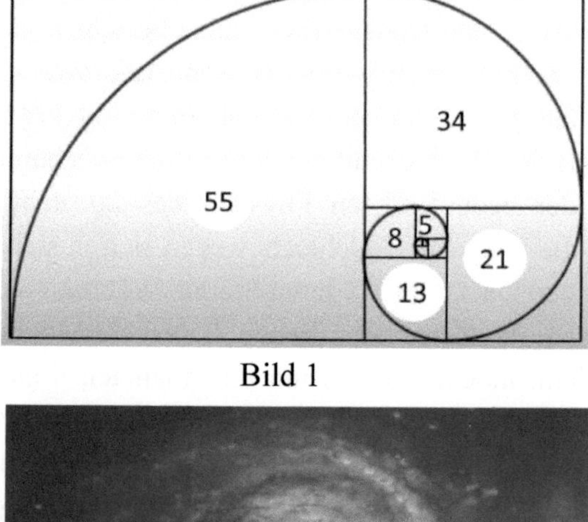

Bild 1

Bild 2

(*Gleichförmig mit Bild 1, eine Galaxie im Universum*)

Jakob sah in dem was sich hier zeigt eine gewollte Ordnung, die durch Zufall hätte so nicht entstehen können.

Die Grundlage für Stabilität und Form im All ist das Zusammenspiel von Zentrifugalkraft und Gravitation der Materie. Jakob hatte hierzu nur eine Frage: Wenn der Mond sich mit seinem Abstand zur Erde jährlich um 3,8 Zentimeter entfernt, wie weit steht dieses Entfernen mit der Ausdehnung des sichtbaren Universums und dessen Radius im Verhältnis.

Nachdem sich Jakob schlüssig war, wie er mathematisch an diese Frage herangehen wollte und zu rechnen begann, wurde für die riesigen Zahlen sein Blatt Papier zu klein. Daraufhin nahm er den Rest einer Tapetenrolle, auf deren Rückseite er mit seiner Berechnung erneut begann. Als er zu einem Ergebnis kam, wollte er zunächst nicht glauben was er sah. Jakob prüfte es auf eventuelle Rechenfehler, doch er konnte keinen finden. Auch sein Weg zum Ergebnis war der einzig Richtige.

Beim Verhältnis des Radius der Mondbahn zum Radius des sichtbaren Universums; multipliziert mit der jährlichen Entfernungszunahme Mond - Erde, entspricht das Ergebnis dem, was die Wissenschaft als Expansionsgeschwindigkeit des Universums berechnet hat. Diese Feststellung löste in Jakob kein Heureka-Erlebnis aus. Jakob verspürte sich eher bescheiden und demütig. Darin, dass er sich mit seiner Erkenntnis glücklich fühlte, sah er keinen Widerspruch zu seiner Bescheidenheit. Für Jakob war es beruhigend zu wissen, dass die Expansion des Universums nicht zwingend mit dem Phantasiegebilde eines Urknalls erklärt werden muss, sondern real mit der überschüssigen Zentrifugalkraft des Universums zur Gravitation zu erklären ist. Dann sagte Katharina. »Vom Kleinsten bis zum Größten in der Natur untersteht alles einer bestimmten Ordnung. Soweit wir dies können, lässt sich auch dieses mathematisch beschreiben. Ein Hilfsmittel hierfür ist ebenso die bekannte Fibonacci-Folge. Die Bezeichnung der Fibonacci-Folge hat ihren Namen nach dem Rechenmeister aus Pisa (*Italien*) Leonardo dei Bonacci (*1170-1240*), der später mit Leonarde Fibonacci benannt wurde. Er gilt als einer der bedeutendsten Mathematiker des Mittelalters. Fibonacci hat seine Erkenntnisse von einer Auslandsreise; nach Europa mitgebracht. Diese Zahlenfolge war bereits im 4. Jahrhundert v. Chr. in Indien und Griechenland bekannt. Fibonacci verfasste 1202 ein Rechenbuch, worin er u. A. nach dieser Zahlenfolge das Wachstum einer Kaninchenpopulation beschrieb«. Dann sagte Katharina weiter: »Mit der Fibonacci-Folge lässt sich auch das Wachstum selbst beschreiben. Die Anzahl der Blütenblätter ist immer eine Fibonacci-Zahl, wobei sie entsprechend strukturell angeordnet sind, sodass sie optimal das Sonnenlicht nutzen. Dadurch ist auch ausgeschlossen, dass ein Blütenblatt das benachbarte total zudecken könnte. Beispielsweise sind bei der Sonnenblume die Samen nicht willkürlich, sondern spiralförmig geordnet. Diese Spiralen zeigen sowohl nach links, wie auch nach rechts. Die Anzahl dieser beiden Spiralformen haben immer eine benachbarte Fibonacci-Zahl. So beispielsweise 34 und 55 oder 144 und 233. Ein Rechteck aus zwei benachbarten Fibonaccizahlen zusammengestellt, ergibt ein sogenanntes Goldenes Rechteck. Dieses Rechteck wirkt mit seinem Seitenverhältnis harmonisch. Bei mehreren aufeinanderfolgenden Fibonacci-Zahlen stabilisiert sich das Seitenverhältnis auf 1:1,6180! Dieses Verhältnis können wir zuhauf in der Natur beobachten. Dabei können wir bei uns selbst beginnen. Bei unserer Hand befinden sich unsere Gliedmaße zum Nächsten ebenso im Längenverhältnis 1:1,6180 wie unsere Hand zum Unterarm. Dieses Zahlenverhältnis ergibt den Goldenen Schnitt. Viele Punkte unseres Körpers befinden sich im Goldenen Schnitt zueinander. Den Goldenen Schnitt hat auch Leonardo da Vinci in seinen Grafiken und Gemälden angewandt. In der gesamten Natur erscheint das, was sich im Goldenen Schnitt befindet, als schön«.

Johannes meinte hierzu, sein Onkel Jakob sei immer davon überzeugt gewesen, dass alles aus einer gewissen Ordnung heraus entstanden sein muss.

Am Sauerbrunnen angekommen, setzten wir uns zunächst auf eine Bank, die dort aufgestellt war. Das Wasser plätscherte in eine gepflasterte Rinne, von wo es sich selbst seinen weiteren Lauf sucht. Die Rinne war rostbraun vom Eisengehalt im Wasser gefärbt. Dieses Wasser hatte neben den 1930 mg. pro Liter freiem Kohlendioxid auch den zu erwartenden Eisengeschmack. Eine angebrachte Tafel zeigte dessen weitere Inhaltsstoffe an. Pro Liter: 1428 mg. Hydrogencarbonat, (*Wirkt säureneutralisierend, dadurch positiv für die Verdauung*) 185 mg. Calcium, (*Unverzichtbarer Mineralstoff in unserer Knochensubstanz und Zahnschmelz, besonders für Kinder, da diese sich im Wachstum befinden*) 78 mg. Magnesium, (*Befindet sich in den Körperzellen und wird von den Muskeln benötigt, wobei besonders der Herzmuskel zu berücksichtigen ist*) 9mg. Eisen. (*Bestandteil des roten Blutfarbstoffes*).

Das Wasser selbst kommt aus einer Tiefe von 100 Meter. Das Kohlendioxid drückt sich aus einem in Abkühlung befindlichen Magmaherd zur Wasserader, wo es sich zu Kohlensäure bildet. Nach gefühlten fünfzehn Minuten gingen wir auf dem gleichen Weg weiter, der als Rundweg wieder zum Ausgangspunkt führt. Auf dieser Wegstrecke erzählten mir die Beiden, ihre Tochter wäre bereits dabei, die Schäferei weiter zu führen. Der Übergang in die nächste Generation könne nur gelingen, wenn sich diese Phase zeitlich entsprechend erstrecke, sodass ein nahtloser Übergang möglich sei. Etwa fünfzig Meter vor den Häusern mündete der Weg wieder in den Weg ein, auf dem wir diese kleine Wanderung begonnen hatten. Als wir ankamen sagte Johannes: »Im mittleren Haus wohnt Friedrich mit seiner Frau, im letzten Christian, ebenfalls mit seiner Frau«. Diese beiden Häuser stehen auf der linken Seite, oberhalb des Weges. Das erste Haus steht auf der rechten Seite des Weges, wobei es sich durch die Hanglage tiefer gelegen befindet, als die Häuser von Friedrich und Christian. Dem ersten Haus sieht man zudem an, dass es einmal eine Mühle war. Von rechts kommt der Mühlengraben, der zum Mühlrad führt. Er beginnt oberhalb an dem Wehr. Das Wehr ist ein Stauwerk, welches das Flüsschen soweit anhebt, sodass hierdurch genügend Wasser in den Mühlengraben gelangt, um das Mühlrad anzutreiben.

Als wir wieder am Haus von Friedrich ankamen, war der Tisch auf der Terrasse mit Geschirr und zwei Kuchen gedeckt. Die Frau von Friedrich bat uns derweil am Tisch Platz zu nehmen. Ich nahm diese Einladung gerne an, wer hätte auch bei diesem Anblick nein sagen können. Kurz darauf kamen zwei Frauen und ein Mann aus dem ersten Haus, das eine Mühle war auf die Terrasse zu. Diese drei Personen waren: Marie, die Besitzerin der Mühle, sowie die Frau von Christian und Hans. Hans ist ein Cousin von Marie. Marie trug einen weiteren Kuchen mit sich, den sie auf den Terrassentisch zu den beiden anderen stellte. Mir schien dies, als ob es einen bestimmten Anlass zu feiern gäbe, und ich fragte nach. Die Frau von Christian lächelte mich etwas an und meinte, dieser Tag mit dem schönen Wetter sei doch Anlass genug, so gefeiert zu werden. Dann sagte sie weiter: »So zusammen zu sitzen ist bei uns schon seit Jahren zu einer lieben Gewohnheit geworden. Wir wechseln uns von Haus zu Haus dabei ab. Was das Essen betrifft, trägt jeder nach Absprache sein Teil bei, so hat niemand die ganze Arbeit«. Mittlerweile war der Kaffee eingeschenkt, doch wir warteten noch wenige Minuten, bis Friedrich und Christian mit am Tisch saßen. Wir hörten die Beiden, wie sie immer den gleichen Melodienabschnitt auf einem Klavier übten, den sie später am Tisch als Eigenkomposition erklärten.

Während der Kaffeezeit wurde Vieles angesprochen. Dabei erfuhr ich, dass Marie zuvor in einem ganz anderen Teil unseres Landes wohnte. Nach einem Unfall vor mehreren Jahren war sie nicht mehr die Gleiche, vor allem in ihrem Denken. Nachdem Marie weitgehend genesen war, verließ sie die Großstadt und kaufte diese alte Mühle, in der viel zu renovieren war. Dass die Mühle zum Verkauf stand, hatte Marie von Friedrich erfahren. Friedrich ist ein Onkel von Marie und Hans.

Eins Plus Eins mehr als Zwei?

Gegen Ende der Kaffeezeit stand vom Käsekuchen und von der Schwarzwälder Kirsch Torte noch je ein Rest auf dem Tisch. Die Platte worauf der Zwetschgenkuchen lag war wie zu erwarten leer. Christian sagte beiläufig: »Wenn ich die Schwarzwälder Kirsch Torte anschaue, wie sie sich jetzt darstellt, fällt mir ein Zitat von Aristoteles ein: *Das Ganze ist mehr als die Summe seiner Teile*. In der Zeit als ich noch unterrichtet habe, wollte ich mit meinen Studenten ein bestimmtes Thema behandeln. Als Einleitung verwendete ich dieses Zitat, mir schien es als den kürzesten Weg um zum Kernpunkt des angedachten Themas zu kommen. Ich hatte kaum ausgesprochen, als sich ein Student zu Wort meldete, indem er sagte: Wenn ich dieses Zitat wörtlich nehme, hat es auch die Bedeutung, dass Eins Plus Eins mehr als Zwei sein muss. Da ich selbst schon mehrmals über dieses Zitat nachgedacht hatte, fiel mir als Erklärungsbeispiel eine Torte ein. Ich sagte zu meinen Studenten: Stellen wir uns als Beispiel eine Torte vor. Eine Torte wird doch erst durch die Struktur wie sie aufgebaut ist zu einer Torte. Die gleiche Torte als einheitliche Masse würde zudem anders schmecken. Mit diesem Beispiel zu dem Zitat von Aristoteles ist noch nicht allzu viel gesagt, hilft aber ein Grundverständnis hierfür aufzubauen«.

Der Tisch war mittlerweile abgedeckt, die Frauen schickten sich an mit Marie zu deren Anwesen zu gehen. Wie es sich anhörte, schien es wichtig zu sein. Dann sagte Friedrich zu Hans: »Du weißt ja wo ich das Bier stehen habe, tu mir einen Gefallen und bring für jeden von uns eine Flasche«.

Die Frage, ob jemand stattdessen ein anders Getränk möchte wurde verneint.

Nach dem ersten Schluck griff Friedrich das Zitat von Sokrates, welches Christian ins Gespräch gebracht hatte erneut auf und sagte: »Mich würde interessieren, wieweit sich Sokrates der Komplexität bewusst war, die sich bei einer Beleuchtung seines Zitats zeigt«. Dann sagte Friedrich in Anlehnung an das Zitat von Sokrates weiter: »Wenn es nur die Erde gäbe, würde sich nicht nur diese im Dunklen befinden. Es wäre nicht erkennbar, dass sich die Erde dreht. Es gäbe auf der Erde kein Licht, somit auch kein Schatten. Durch seine Verbundenheit hat unser Sonnensystem seine eigentliche Wertigkeit«.

Die Unterhaltung die sich hieraus ergab, war für mich bildungsmäßig sehr zuträglich, besonders durch das was Friedrich und Christian dazu beitrugen. Diese Unterhaltung mag damit begonnen haben, dass Johannes Kepler die Bahnen der Planeten beschreiben konnte. Bis dahin stellte man sich diese Bahnen kreisförmig vor. Kepler erhielt die gesamten Aufzeichnungen von Tycho Brahe, nach dessen Tod. Kurz zuvor wurde Kepler dessen Assistent. Durch entsprechende Berechnungen anhand dieser Aufzeichnungen wies Kepler nach, dass die Planetenbahnen um die Sonne ellipsenförmig sind. Weshalb sich die Bahn der Planeten ellipsenförmig darstellt, wurde nicht entsprechend hinterfragt, dies wurde als gegeben betrachtet, galt derzeit als Charakteristik der Planetenbahnen.

Im 17. Jahrhundert begann Isaak Newton über die Bewegung der Körper und Gravitation nachzudenken. Dabei griff er auch auf Erkenntnisse von Galileo Galilei und Johannes Kepler zurück. Um das Sonnenlicht zu erforschen, verwendete Newton ein Prisma, die es damals auf Jahrmärkten zu erstehen gab und eher spielerischen Vergnügungen zugedacht waren. Beim Prisma zeigt sich das Sonnenlicht in seinen Spektralfarben. Newton nahm einzelne Farben in ein weiteres Prisma auf und stellte fest, dass diese sich im Prisma nicht mehr veränderten. So erkannte er, die Spektralfarben werden nicht im Prisma erzeugt, sondern das weiße Sonnenlicht setzt sich aus diesen Farben zusammen. Es wird nur im Prisma in seine Farben durch Brechung zerlegt.

Im Jahr 1687 erschien sein Buch „Philosophiæ Naturalis Principia Mathematica", *(Mathematische Prinzipien der Naturphilosophie)*. In diesem Buch formulierte er seine drei Gesetze der Bewegung von Körper und der universellen Gravitation. Die Gesetze der Bewegung teilen sich auf in das: Trägheitsgesetz, Aktionsprinzip, und das Wechselwirkungsgesetz. Hiermit begründete Isaak Newton die Mechanik, die so 200 Jahre Gültigkeit haben sollte.

Die Welt begriff man wie eine Maschine, alles schien erklärbar. Die Bahn der Planeten wird bestimmt durch die Geschwindigkeit um die Sonne im Zusammenspiel mit der Gravitation. Hierbei hat auch die Gravitation zu anderen Planeten Einfluss. An der Bahn des Planeten Uranus wurde eine Störung erkannt, die eventuell mit der Gravitation zu einem noch unbekannten Planeten zu erklären wäre. Die Bahn des Uranus verläuft rosettenförmig, sodass kein geschlossener Kreis entsteht. Durch die Berechnungen des Mathematikers Urbain Le Verrier, entdeckte der Astronom Johann Gottfried Galle im Jahr 1874 den 4,5 Milliarden Kilometer von der Sonne entfernten Planet Neptun.

Max Planck (*1858–1947*) beabsichtigte zunächst Musik zu studieren, sah aber für sich darin keine berufliche Perspektive. Danach stand Physik auf Plancks Wunschliste und erkundigte sich 1874 beim Physikprofessor Philipp von Jolly wegen den beruflichen Aussichten. Professor Philipp von Jolly riet ihm von einem Physikstudium ab. Er begründete dies indem er sagte: »Theoretische Physik ist ja ein schönes Fach, obwohl es gegenwärtig keine Lehrstühle dafür gibt. Aber grundsätzlich Neues werden sie darin kaum mehr leisten können, denn mit der Entdeckung des Prinzips der Erhaltung der Energie ist wohl das Gebäude der theoretischen Physik ziemlich vollendet. Man kann wohl hier und da in dem einen oder anderen Winkel ein Stäubchen noch auskehren, aber prinzipiell Neues werden sie dabei nicht finden«. Mit diesem Wortlaut hat Max Plank später die Argumentation des Physikprofessor Philipp von Jolly wiedergegeben. Das Max Planck dennoch Physik studierte lag nach seinen Worten nicht daran, dass er glaubte etwas Neues leisten zu können, er wollte vielmehr den Naturgesetzen noch etwas näherkommen, da offensichtlich von diesen für ihn eine Faszination ausging.

Im Jahr 1900 kam Max Planck nach der Erforschung über Licht und Energie zu dem Ergebnis, dass diese nicht kontinuierlich auftreten, sondern portioniert wie Wasser in Tröpfchen Form abgegeben wird. Max Planck nannte diese; Quanten, womit die Quantenphysik ihren Anfang nahm.

Im Jahr 1905 las Max Planck eine Arbeit von Albert Einstein, die als spezielle Relativitätstheorie bekannt wurde. Einstein war Mitarbeiter beim Berner Patentamt, und hatte im Kreis der renommierten Physiker keinen besonderen

Bekanntheitsgrad. Max Plank machte daraufhin bei seinen Physikerkollegen die Relativitätstheorie von Einstein, somit auch Einstein selbst bekannt. Mit Einsteins speziellen und späteren allgemeinen Relativitätstheorie war die Newtonsche Mechanik die 200 Jahre gegolten hat teils widerlegt.

Beispielsweise, nach Einsteins Relativitätstheorie kann sich nichts schneller bewegen als Licht, (*299.792.458 Meter pro Sekunde*). Nach der Newtonschen Mechanik ist diese bei Zugabe von Kraft unbegrenzt. Des Weiteren ist nach Einsteins Relativitätstheorie die Zeit keine Konstante, auf einem Berg vergeht die Zeit schneller als im Tal. Dieser Unterschied ist im alltäglichen Leben nicht feststellbar und auch nicht von Bedeutung. Doch in der Raumfahrt bzw. Satellitentechnik würden ohne dieses Wissen Probleme zutage treten. Bei bewegten Objekten vergeht die Zeit langsamer als bei ruhenden Objekten. Dieses Phänomen ist unter dem Begriff Zeitdilatation beschrieben. Würden wir uns mit Lichtgeschwindigkeit bewegen, würde für uns die Zeit stehen bleiben. Auch würde die Länge des Flugkörpers schrumpfen, Dieses Phänomen ist unter dem Begriff Längenkontraktion beschrieben.

Zeit und Raum sind keine absoluten Naturkonstanten. Bei bewegten Körpern nimmt deren Masse zu. Dieses ist damit begründet: Energie und Masse sind gleichwertig. Masse ist in Energie, wie auch Energie in Masse umwandelbar. Die Formel zum umrechnen Masse in Energie nach Einstein lautet: $E = mc^2$

So wird in der Sonne bei der Fusion Wasserstoff zu Helium, ein Teil des Wasserstoffs in Energie umgewandelt. Aus dieser Energie die als Licht auftritt bilden Pflanzen und Bäume wieder feste Körper. Nach dem Energieerhaltungssatz bleibt die Energie in gegebener Größe in einem abgeschlossenen System erhalten. Ein Perpetuum mobile, wie es als Phantasiekonstrukt beschrieben wird, ist damit nicht zu realisieren. Mit einem Perpetuum mobile soll mehr Energie erzeugt werden, als ihm zuvor in diverser Form zugeführt wurde.

Irgendwann im Gespräch merkte Hans an, dass er sich denken könne, warum die Frauen mit zu Marie gegangen seien. Er sagte: »Nala, die Katze von Marie hat vor zwei Tagen Katzenjunge bekommen«. Christian und Friedrich meinten, wir könnten doch auch hingehen und schauen. Bei unserem Erscheinen sagte Marie: »Schön das ihr auch gekommen seid, ich bin richtig stolz auf Nala«. Ich war gleicherweise angetan, sowohl von Nala wie sie sich um ihre Jungen kümmerte, wie auch von den Welpen selbst. Von den fünf Welpen hatten zwei ein rotes und drei ein dunkelgraues getigertes Fell. Sie lagen in einem Katzenbett aus Weide, dass mit einem Tuch über zwei kleinere Kissen ausgelegt war. Dann sagte Marie, sie glaube das Ahron, der Kater von Stephan der Vater dieser Katzenwelpen sei. In der ersten Aprilhälfte habe sie zunächst gesehen, dass sich eine Katzenmarkierung unten an der Hauswand befand. Etwas später hätte sich Ahron gezeigt. Auch am Verhalten von Nala war zu erkennen, dass sich etwas anbahnt. Etwas später führte mich Marie durch das Gebäude der alten Mühle, wobei ich ihr ansah, wie glücklich sie über die gelungene Renovierung war. Sogar die Mühle selbst mit ihrem Mahlwerk, den Zahnrädern aus Holz, alles war im Original erhalten. Dann sagte Marie: »Es wäre aufwandsmäßig einfacher gewesen, einiges nicht im Original instand zu setzen, stattdessen durch Neues und Modernes zu ersetzen. Jedoch wäre die Atmosphäre hier drin dann eine ganz andere. Wie es jetzt geworden ist habe ich das Gefühl, einen Hauch von Anwesenheit der Müllers Leute, die einmal hier gewohnt und gearbeitet hatten zu verspüren«. Marie sagte weiter: »Beim Renovieren ist auch nicht vorrangig, wie alles später ausschaut. Die Bausubstanz womit das Mauerwerk gemeint ist, bestehe aus Schiefer Bruchsteinen. Das Mauerwerk selbst ist ein zweischaliges Mauerwerk, wobei es aus einer Außen und einer Innenwand besteht. Der Raum dazwischen ist mit Lehm und kleinerem Schiefer verfüllt. So funktioniert diese Zwischenschicht als Isolierung. Da diese Art Bausubstanz eine höhere Flexibilität besitzt als Betonteile, dürfen diese nicht direkt miteinander verbunden werden. Auf dieses zu achten, hat mir ein älterer Herr aus dem Dorf unweit von hier nahegelegt. Dieses Wissen sei nichts Neues. Er zeigte mir hierzu ein Beispiel aus dem Markusevangelium. So steht dort im 2. Kapitel Vers 21: „Niemand näht einen Flecken von neuem Tuch auf ein altes Kleid, sonst reißt das neue Stück vom alten ab und ein ärgerer Riss entsteht." (*ärgerer kommt von arg, was hierbei schlimm bzw. schlimmer bedeutet*) So kann es zu Verwerfungen bist zum Einsturz des alten Mauerwerks kommen«. Mir fiel auch auf, dass draußen nur heimische Bäume und Sträucher standen. Das Dach der Mühle war mit Schiefer gedeckt.

Wieder im Haus angekommen, war Nala mit ihren Jungen immer noch Mittelpunkt des Interesses. Ihr Verhalten zeigte, dass sie sich hier mit ihren Jungen sicher und wohl fühlte. Marie merkte an: »Auch beim Kauf von Katzennahrung muss man genau hinschauen. Nicht alles was angeboten wird, ist auch gut für die Katzen. Vieles hat nur einen geringen Fleischanteil, stattdessen Getreide und sonstiges Füllmaterial, das nach meiner Meinung nicht dort hineingehört«. Die Frau von Friedrich sagte nach einer Weile, dass sie bereit sei zwei von den Kätzchen zu sich zu nehmen. Als die Frau von Friedrich dies gesagt hatte, bekam Marie einen merklich erfreuten Gesichtsausdruck. Marie sagte daraufhin: »Seit Nala die Kleinen zur Welt gebracht hatte und ich weiß das es fünf sind, habe ich über deren Zukunft nachgedacht. Hier gibt es genügend Freiraum und keinen gefährlichen Straßenverkehr. Ich freue mich, dass die Kätzchen hierbleiben können. Dann werde ich die anderen drei behalten. Ich denke, dass dies auch für Nala gut ist, sie ist somit dann nicht allein. Da die Beiden dann gleich nebenan zuhause sind, bleiben alle doch irgendwie zusammen.

Die anderen waren mittlerweile nach draußen gegangen, sodass ich mit Marie allein im Haus bei den Katzen saß. Ich sagte beiläufig, wir hätten auch eine Katze mit dem Namen Nala gehabt. Daraufhin bat mich Marie, etwas von unserer Nala zu erzählen. Obwohl ich mit Nala eine gemeinsame Vergangenheit von über 14 Jahren hatte, wusste ich erst nicht wie ich beginnen sollte. Am einfachsten schien es mir, da anzufangen wo Nala in mein Leben gekommen ist. Ich begann damit: »Als meine Frau mit Nala bei mir eingezogen ist, war Nala bereits 7 Jahre alt. Nala war das, was man bei Katzen als Freigänger bezeichnet, somit auch mit dem Straßenverkehr vertraut. Doch als sie mit zu mir kam, befand sie sich plötzlich in einem für sie ganz neuem Umfeld. Um sich langsam daran gewöhnen zu können, behielten wir Nala vier Tage im Haus. Durch die Fenster war ihr eine Rundumsicht möglich, und sie konnte sich dadurch ein erstes Bild von ihrer neuen Umgebung machen.
Nala war eine Karthäuser Katze, mittelgroß und eher schlank. Sie hatte ein einheitlich dichtes graues Fell, leicht silbergrau wäre wohl die korrekte Bezeichnung. Um ihre schwarzen Pupillen waren ihre Augen intensiv goldfarbig. Neben ihrem Aussehen waren auch ihr Charakter und Fähigkeiten etwas Besonderes.
Ihr erster Freigang machte Nala hinterm Haus in den Garten. Damals hatte ich ein paar Kamerunschafe, die dort mit einem Elektro Schafzaun umzäunt waren. Hier machte sie ihre wahrscheinlich erste Erfahrung mit einem Elektrozaun, sie fauchte den Zaun umgehend an. Nala hatte sich in diesem Umfeld dennoch schnell eingelebt, hielt sich

vorwiegend auf unserem Anwesen auf. Sie merkte sich wer gelegentlich bei uns ein und ausging. Hierdurch entstand für sie auch zu diesen Leuten zunehmend ein Vertrauensverhältnis. Bevor Nala die Straße überquerte, vergewisserte sie sich, ob diese dafür frei ist. Meine Frau hatte ihr dieses Verhalten in ihrem ersten Lebensjahr durch ein aufwendiges Training beigebracht. Das Öffnen der Türen hat Nala sich wohl von ihren Mitbewohnern abgeschaut. Hierfür sprang sie zum Türgriff, den sie mit ihren Vorderpfoten nach unten zog, dass Übrige erledigte sie mit ihren Hinterbeinen. Oft ging sie am späteren Nachmittag mit uns über einen Feldweg spazieren. Wenn ich im Ort zu einem meiner Geschwister ging, begleitete mich Nala gelegentlich, blieb vor deren Tür sitzen, um später wieder mit mir nach Hause zu gehen. So könnte ich von Nala noch vieles erzählen, Nala war, und bleibt in meinen Erinnerungen etwas ganz Besonderes«. Marie wollte wissen, wie alt Nala geworden sei. Ich sagte daraufhin:

»Nala wurde über 21 Jahre alt. Auch in ihrem letzten Lebensjahr war sie in unserem Urlaub mit dabei. Dieses Mal waren wir in Gutach im Schwarzwald. Es war August, wir hatten wie immer eine Ferienwohnung angemietet. Tagsüber ließen wir die Türen in der Wohnung offen, auch die Tür zum Balkon. So konnte sich Nala auch während unserer Abwesenheit frei bewegen. Abends, oder wenn es sich tagsüber ergab, nahmen wir sie mit nach draußen ins Freie. Zu diesem Zeitpunkt war Nala wegen einem Nierenproblem in Behandlung. Seit einiger Zeit hatte sie einen erhöhten Kreatininwert. Sie hatte an Gewicht abgenommen und trank mehr als sonst. Eine Woche bevor sie starb, trat eine deutliche Verschlechterung ihres Gesundheitszustandes ein. Es war am 6. Dezember 2018, die letzte Entscheidung noch weiter hinauszuschieben wäre nicht vertretbar gewesen. Wir fuhren mit Nala zur Tierärztin, damit sie erlöst wurde«. Marie meinte, dass dies auch für uns eine schlimme Zeit gewesen sein muss. »Ja«, sagte ich. »Doch schlimmer wäre es gewesen, wenn wir uns hinterher einiges hätten vorwerfen müssen. In der letzten Nacht haben wir Nala zu uns ins Bett genommen. Wir haben sie zwischen uns auf eine Decke gelegt, geschlafen haben wir kaum. Auch als ihre Kräfte aufgebraucht waren, war Nalas Blick immer noch der gleiche. Meine Frau sagte immer: Nala kann einem in die Seele schauen«. Dann sagte ich weiter: »Ich bin dafür, dass jeder das glauben darf, wovon er überzeugt ist. Vor der Fahrt zur Tierärztin sagte ich zu ihr: Nala, wenn du da oben angekommen bist, bitte gib uns ein Zeichen«! Marie fragte daraufhin: »Hat es ein Zeichen gegeben«? Ich erzählte Marie von dem, was sich während unserer Abwesenheit im Haus zugetragen hatte, bzw. was wir dort vorfanden, als wir mit Nala, die gestorben war zurückkamen. Dieses zu beschreiben, ist hier nicht angedacht. Es verging eine Weile, bis ich mich daran erinnerte, was ich vor unserer Abfahrt zu Nala gesagt hatte und war sicher hierbei das Zeichen von Nala zu erkennen.

Marie schaute erst nachdenklich und sagte dann: »Ich bin weit davon entfernt, deine Deutung zu diesem Geschehnis zu belächeln oder gar in Abrede zu stellen. Bei vielem, was wir uns nicht erklären können oder uns zur Einsicht der Zugang fehlt, muss das Wort Zufall herhalten. Seit ein paar Jahren weiß ich, dass die geistige Welt, wenn man dies so benennen kann, existent ist«.

Marie lebte zuvor in einer Stadt, wo sie nur eine kurze Strecke bis zu ihrem Arbeitsplatz zurücklegen musste. Soweit das Wetter es zuließ, tat sie dies mit ihrem Rad. Sie war auch an jenem Donnerstag mit ihrem Rad auf dem Heimweg, als sie einem Auto nicht mehr ausweichen konnte. Die Fahrerin hatte Marie wohl beim Abbiegen übersehen. Marie konnte sich später nur schwach an die Sekunden vor ihrem Unfall erinnern. Dafür jedoch sehr klar an das, was nach ihrem Unfall gewesen ist.

Marie erlebte das, was allgemein als Nahtoderfahrung bezeichnet wird. Sie erlebte sich dabei außerhalb ihres Körpers, wobei sie das Geschehen am Unfallort beobachten konnte. Obwohl das Geschehen zeitlicher Dimension unterstand, hatte Marie kein Zeitgefühl, sondern das Gefühl von Ewigkeit. Danach sah sie ihr eigenes Leben an sich vorüberziehen. Schließlich sprach sie mit Angehörigen, die bereits verstorben waren. Was Marie dort erlebte, kann sie nur als erfülltes Glück beschreiben. Dabei erfuhr sie, dass hiermit ihr Erdenleben noch nicht vorbei sei. Es gäbe noch einiges zu tun, dass sie weiterhin mit Freude machen soll. Dann wurde sie wie durch eine Kraft, gegen die sie nicht ankam nach dort zurückgenommen, wo fast alles von Raum und Zeit beherrscht, bzw. eingeengt ist. Marie verspürte plötzlich ohne Verzögerung den gesamten Körperschmerz. Sie hatte auch keine Ahnung davon, wieviel Zeit seit ihrem Unfall vergangen war.

Marie war sich erst nicht sicher, ob sie überhaupt jemanden etwas von ihrem Durchlebten erzählen sollte. Erst als sie mit Leuten, die am Unfallort anwesend waren ins Gespräch kam und sich das als real bestätigte, was sie außerhalb ihres Körpers von oben sah, traute sie sich von ihrem Erlebten zu erzählen. Von Hans der in der Medizin sehr bewandert ist erfuhr Marie, dass Teile der Wissenschaft dieser Thematik sehr reserviert gegenüberstehen. Das was in Zusammenhang von Nahtoderfahrung berichtet wird, erklären sie meist mit Halluzinationen (*Halluzination spricht für eine Wahrnehmung ohne Sinnesreiz*). Genau genommen ist ein Nahtoderlebnis ebenso eine Halluzination, doch nicht ausgelöst durch eine Gegebenheit, die in der Medizin zu suchen ist. Dazu wird dies oft mit körpereigenen Drogen erklärt. Diese Erklärungen sind nicht haltbar, denn durch zugeben von Drogen kommt kein klassischer Verlauf eines Nahtoderlebnisses zustande. Zudem, beim Verlauf mit körpereigenen Drogen kehrt der Schmerz nicht momentan in voller Intensität zurück. Dazu bleibt anzumerken, auch das was sie außerhalb ihres Körpers am Unfallort von oben sah, hat sich als real bestätigt. Eine Vielzahl solcher Geschehnisse wurden bereits verifiziert.

Marie hat selbst nie an dem gezweifelt, was sie erlebt hatte. Ihre gesamte Weltanschauung ist eine andere geworden. Eine Phase von der Rückschau ihres Lebens hinterließ einen besonderen Eindruck. Es war die Zeit ihrer Kindheit, als sie öfter bei ihrem Onkel Max in den Ferien war. Max war Förster und wohnte im Forsthaus am Waldrand. Dieser Teil der Rückschau führte dazu, dass sie sich von dem lauten und schnellen Leben der Stadt trennen wollte. Von diesem Wunsch wusste auch ihr Onkel Friedrich, als er ihr mitteilte, dass die alte Mühle zum Verkauf steht. Es machte mich fast stolz, dass Marie die ich bis hierher nicht kannte, mir diesen Teil aus ihrem Leben so frei erzählte. Damit hat sie mir zu verstehen gegeben, dass auch sie sich sicher ist, dass es ein Danach gibt. Zusätzlich sagte sie: »Du siehst, auch für Nala hat es ein Danach gegeben, durch das Zeichen ist erkennbar, dass es dann zwischen den Tieren und uns auch ein Verstehen gibt«.

Draußen folgte ich Marie auf einem ausgetretenen Pfad zu einem Weiher, wo Friedrich und Christian mit ihren Frauen auf einer Bank Platz genommen hatten. Der Bereich wo sich der Weiher befindet, ist vom Weg der an den Häusern vorbeiführt nicht einsehbar. Hans hatte seine Schuhe ausgezogen und ist zum Flüsschen gegangen. Das Flüsschen befindet sich dort in einer Biegung im Schatten. Während Marie sich eine Decke neben der Bank zurechtlegte, nahm ich auf einem Stein Platz, der aus der kleinen Böschung neben dem Weiher herausragte. Während die anderen sich mit wenigen Worten unterhielten, beobachtete ich die Enten auf dem Weiher. Ich vernahm wie Friedrichs Frau leise sagte: »Bier kann auch müde machen«. Ich schaute mich um und sah, dass Friedrich eingeschlafen war. Nachdem ich wieder auf das Wasser schaute, fiel mir ein Insekt auf, dass sich mit schnellem Flügelschlag in Richtung Rand bewegte. Jeder dieser schnellen Flügelschläge erzeugte eine kreisförmige Welle im Kleinformat, die sich von innen nach außen bewegte. Ich sagte zu Christian, ich habe nicht für möglich gehalten, dass Wasser mit seiner Spannkraft so präzise auf diese schnellen Flügelschläge reagieren würde. Christian schien sich zu interessieren und kam um zu schauen. Er sagte daraufhin, er habe in seinen jungen Jahren mit Hilfe solcher Beispiele aus der Natur versucht die Wellenfunktion der kleinsten Teilchen zu verstehen. Darauf sagte ich zu Christian, zum Begriff -Wellenfunktion der kleinsten Teilchen fehlte mir das dafür erforderliche Verständnis. Christian meinte: »Um eine Vorstellung von der Wellenfunktion der Teilchen zu bekommen, muss man kein Physikstudium absolviert haben«. Dann machte er mich auf einen Erpel aufmerksam, der auf dem Teich einer Ente folgte, wobei er erklärte: »In der Richtung, wo sich der Erpel hinbewegt, ist die umkreisende Wellenlänge geringer, als in der Richtung, von der sich der Erpel wegbewegt. Dies liegt daran: In der Richtung in die sich der Erpel bewegt, verringert sich die Wellenlänge gemäß der Geschwindigkeit des Erpels. In gleichem Maß vergrößert sich die Wellenlänge auf der gegenüberliegenden Seite. Dieses ist damit zu begründen, weil die Geschwindigkeit der Welle konstant ist ohne den Bewegungszustand ihres Erzeugers zu berücksichtigen. Wenn dieser Erpel jetzt ein Lichtteilchen wäre, könnte man eine Rotverschiebung feststellen. Durch die Fortbewegung der Photonen (*Lichtteilchen*), ist deren Wellenlänge ebenso in der Fortbewegungsrichtung kleiner als im Ruhezustand. In der Richtung, von der sich das Photon fortbewegt, ist dessen Wellenlänge größer, als im Ruhezustand, hierdurch verschiebt sich die Frequenz des Lichtes in den Rotbereich, gemäß dem Lichtspektrum«. (*Mit Ruhendem oder bewegtem Zustand, ist der Zustand der Lichtquelle gemeint.*). Nach diesem Prinzip sei auch erkannt worden, dass sich das Universum am Ausdehnen ist. Dieses Prinzip zeigt sich uns auch oft im Alltag. Wenn sich ein Auto oder ein Flugzeug auf uns zubewegt, ist dessen Ton heller als dann, wenn es sich von uns wegbewegt. Diesen Unterschied hören wir in dem Moment, wenn sich in Bezug zu uns deren Bewegungsrichtung umkehrt.

Christian fragte anschließend, ob ich mit ihm am Flüsschen entlang spazieren gehen möchte. Auf dem Weg erwähnte Christian, dass es im Bereich der kleinsten Teilchen andere

Gesetze zu geben scheint, als wir sie in der klassischen Physik bzw. im alltäglichen Leben kennen. So erfuhr ich vom Doppelspaltexperiment, welches der Englische Augenarzt und Physiker Thomas Young (*13. Juni 1773-10. Mai 1829*) im Jahr 1802 erstmals durchgeführt hatte. Dabei wird eine Fläche mit Laserlicht angeleuchtet, wobei eine Trennwand mit zwei spalten dazwischen installiert wird. Eine Taschenlampe oder dergleichen sind aus physikalischen Gründen nicht dazu geeignet. Nach der klassischen Physik wäre zu erwarten, dass sich auf der Projektionsfläche 2 helle Streifen zeigen, nach der Form der Spalten in der Trennwand. Dabei zeigen sich jedoch mehrere helle Streifen in unterschiedlicher Intensität. Was wir hier beobachten ist damit begründet, dass Licht verhält sich wie eine Welle. Dieses Verhalten lässt sich mit folgendem Beispiel vergleichen. Wenn sich eine Wasserwelle unter eine Brücke zubewegt, die von einem Pfeiler gestützt ist, wird sie an der Stelle wo sich der Pfeiler befindet zu 2 Hälften getrennt, womit sich daraus 2 neue Wellen bilden. Nachdem diese den trennenden Pfeiler passiert haben, treffen sie wieder zusammen. Dabei kommt es zu einer Überlagerung (*Interferenz*) der Wellen. Bei einer Überlagerung verstärken sich Wellenberge und Wellentäler. Wo jedoch Wellenberge mit Wellentälern zusammenkommen, löschen sie sich gegenseitig aus. Diesbezüglich werden die unterschiedlich hellen Streifen beim Doppelspaltexperiment mit Interferenzmuster bezeichnet. Wird bei dem Doppelspaltexperiment eine der beiden Spalten verdeckt, sodass nur Licht bzw. Elementarteilchen durch einen Spalt gelangen können, zeigt sich hingegen kein Interferenzmuster mehr, sondern nur 1 heller Streifen auf der Projektionsfläche.

Das Doppelspaltexperiment lässt sich auch durchführen, indem ein Detektionsschirm in gleichem Aufbau durch einen Doppelspalt mit Photonen (*Lichtteilchen*), Atomen oder Molekülen beschossen wird. Hierbei treffen zunächst die Photonen verstreut auf den Detektionsschirm auf. Nach einer Fülle dieser Teilchen wird wieder ein Interferenzmuster auf dem Schirm erkennbar, wie hier im Bild.

Schaut man mittels Messungen nach, durch welchen Spalt die Teilchen zum Schirm gelangen, zeigt sich kein Interferenz Muster mehr, sondern nur 2 Streifen, wie es der Doppelspalt nach der klassischen Physik vorgibt. Mit dem Fulleren C60 entsteht bei dieser Art Experimentdurchführung ebenfalls kein Interferenzmuster. Das Fulleren C60 ist ein Molekül mit 60 Kohlenstoffatomen. Es hat die Form eines Fußballs. Das Fulleren C60 besitzt die Größe von Luftmolekülen, mit dem es wechselwirkt und dadurch die Teilcheneigenschaft annimmt. Aus diesem Grund bedarf es um im Doppelspaltexperiment das typische Interferenzmuster zu zeigen, einem luftleeren Raum.

Dann sagte Christian weiter: »Diese Erkenntnisse besagen: Teilchen auf der untersten Stufe *(Elementarteilchen, Atome und Moleküle)* nehmen soweit sie unbeobachtet bleiben, die Eigenschaft einer Welle an. Mit dieser Eigenschaft passieren sie wie im Experiment 2 Spalten gleichzeitig. So lassen sie sich nicht auf einen bestimmten Ort festlegen. Erst bei einer Messung entscheidet es sich für einen bestimmten Ort, den es vorher selbst nicht wusste. Nach der Heisenbergschen Unbestimmtheitsrelation oder auch Unschärferelation, lassen sich Ort und Impuls eines Teilchens nicht gleichzeitig bestimmen. Dies hat Werner Heisenberg im Jahr 1927 im Rahmen der Quantenmechanik als Kernaussage beschrieben. Wie schon erwähnt erhielt Werner Heisenberg für die Begründung der Quantenmechanik im Jahr 1932 den Nobelpreis in Physik.

Albert Einstein, der sich mit der von ihm formulierten Speziellen und späteren Allgemeinen Relativitätstheorie unter den Physikern einen Namen gemacht hatte, konnte diese Formulierung der Quantenmechanik nicht akzeptieren. Einstein sagte in Bezug zur Unbestimmtheit, dass Gott wohl weiß wo sein Teilchen ist. Gott würfelt nicht, sagte er. Der dänische Physiker Niels Bohr antwortete darauf: Aber es kann doch nicht unsere Aufgabe sein, Gott vorzuschreiben, wie Er die Welt regieren soll. In Anbetracht dessen, dass die Beobachtung einen Einfluss auf gewisse Systeme hat, dass Dinge die wir beobachten, vor der Beobachtung nicht die gleichen waren wie wir sie bei der Beobachtung wahrnehmen, richtete Albert Einstein die polemische Frage an Niels Bohr: Existiert der Mond auch dann, wenn keiner hinsieht«?

Unterdessen sind wir an der mir schon bekannten Brücke angekommen. Um auf die Brücke zu gelangen, gingen wir den Aufstieg über die Böschung nach oben. Hier setzte ich mich wieder auf die Schiefermauer, welche die Brücke seitlich absichert, wo ich gesessen bin bevor ich auf Christian und Friedrich traf. Kurz zuvor hatte Christian bereits darauf Platz genommen. Christian schaute lange in die Landschaft, bis er sagte: »Bei den Quanten, wie Max Planck die kleinsten Teilchen nannte zeigt sich ein Phänomen, das mit der klassischen Physik nicht vereinbar ist. Zwei Teilchen die zur gleichen Zeit am gleichen Ort entstehen, erfahren das Phänomen der Verschränkung. So hat beispielsweise ein Elektron die Eigenschaft des Eigendrehimpulses (*drehen um die eigene Achse*), in der Quantenphysik Spin genannt. Befindet sich das Elektron in Superposition, besitzt es gleichzeitig den Drehimpuls nach links wie auch nach rechts. Elektronen in Superposition behalten ihren Zustand bei, bis man nachschaut, bzw. diesbezüglich eine Messung durchführt. Bei einer Messung entscheidet sich dann das Elektron für den Links oder Rechtsimpuls. Verschränkte Teilchen scheinen miteinander zu kommunizieren. Schaut man bei einem verschränkten Elektron nach und dieses zeigt ein Linksdrehimpuls, zeigt sich bei dem anderen verschränkten Teilchen automatisch ein Rechtsdrehimpuls. Würde sich das zweite verschränkte Elektron auf dem Mond befinden, würde es nachdem beim ersten Elektron nachgeschaut wurde nicht erst gemäß Lichtgeschwindigkeit nach 1,28 Sekunden, sondern unverzüglich den noch ausstehenden Drehimpuls (*Spin*) annehmen«. Ich war darüber verwundert, denn ich war der Meinung, dass nichts schneller sei als Licht. Als ich Christian darauf ansprach sagte er: »Das dem so ist, ist mehrfach wissenschaftlich nachgewiesen. Warum dies so ist, darüber sind die Physiker nicht einig und haben hypothetisch mehrere Modelle entwickelt. Um eine Antwort hierzu ringend, hat die Mehrheit sich darauf festgelegt, dass die verschränkten Teilchen als solche zu keinem Zeitpunkt voneinander getrennt sind, immer eine Einheit bilden. Andere glauben, diese Information würde seinen Weg durch eine Art Wurmloch nehmen, welches von einem zum anderen Ende keine Distanz hat. Hierfür wurde der Begriff „Kosmische Abkürzung“ erdacht. Selbst Albert Einstein hatte hiermit seine Schwierigkeiten, da nichts schneller sein könnte als Licht. Er musste dieses Phänomen jedoch hinnehmen und nannte es „spukhafte Fernwirkung“«.

Auf meine Anmerkung, dass man dieses Phänomen wohl kaum werde deuten können, sagte Christian weiter: »Das habe ich auch lange geglaubt, bis ich hierüber mit Friedrich ins Gespräch kam. Du sollst wissen, Friedrich hat als erstes ein Physikstudium und danach ein Theologiestudium absolviert. Dadurch ist ihm wahrscheinlich eine differenziertere Sicht auf die Dinge gegeben. Friedrich meint, wenn sich die Information bei einer Quantenverschränkung nach der Lichtgeschwindigkeit richten würde, sähe er darin ein Widerspruch zu seiner Auffassung. So sagte er weiter. Bei Materierelevantem ist was Bewegung angeht; Lichtgeschwindigkeit die Obergrenze. Die Information selbst besteht nicht aus Materie, doch können wir bewusst ohne Materie keine Information weitergeben. Sei es mittels Briefs, Bild oder Ton, die Information nehmen wir durch Signale mit unseren Sinnen wahr, die somit durch Materie transportiert wird. Bei der Quantenverschränkung benötigen die

Teilchen nur die Information selbst. Da Information sich in der geistigen Dimension befindet, ist sie im Gegensatz zur Materie frei von Raum und Zeit. Aus diesem Grund richtet sie sich nicht nach den Naturgesetzen und geschieht wie bei der Quantenverschränkung ohne Verzögerung«.

Wir standen von der Schiefermauer auf der Brücke auf, wo wir Platz genommen hatten und gingen ohne etwas dazu abgesprochen zu haben aufwärts dem Flüsschen entlang. Diesem Weg sah man an, dass er wenig befahren wird. Teils war dieser Weg mit Wurzeln so durchwachsen, dass sie sich in enger Struktur an der Oberfläche befinden. Beidseitig ragen Felsen aus den steilen Hängen. Dickere Quader lagen in einer Vielzahl am Rand und im Bett des Flüsschens. Nach einer Weile kamen wir an einer Stelle an, wo das Flüsschen eine kleine Biegung macht. An dieser Stelle war das Flüsschen großflächiger und tiefer, wodurch sich das Wasser nur still und langsam weiterbewegte. Ein würfelförmiger Quader lag an der uns zugewandten Seite mit einer geschätzten Kantenlänge von drei Meter; teils im Wasser. Das Ufer verlief ohne Abbruchkante gleichmäßig ins Wasser. Ich zog meine Schuhe und Strümpfe aus und ging so weit ins Wasser, dass meine Waden noch nicht ganz bedeckt waren. Das Wasser war kühl, jedoch angenehm. Christian hatte sich auf eine Bank gesetzt, die wohlplatziert am Wegrand stand. Christian sagte irgendwann: »Mir ist aufgefallen, in meiner Jugendzeit und auch etwas später standen vielerorts Wegkreuze. Mir scheint, als hätten die Bänke für die Wanderer deren Stellen eingenommen«. Ich konnte mich später nicht mehr genau erinnern, was ich darauf geantwortet hatte, es mag daran gelegen haben, dass ein Teil meiner Gedanken immer noch bei dem war, was Christian mir von der Quantenverschränkung gesagt hatte. So kam ich nach einer kurzen Weile wieder darauf zurück indem ich sagte: »Ich hätte nicht gedacht, dass jemand wie Einstein in seinem Fachbereich Worte wie spukhafte Fernwirkung verwendet«. Christian meinte hierzu: »Einstein kam zur Physik, als es die Quantenphysik noch nicht gab. Alles was in der Klassischen Physik vorkam war irgendwie greifbar. Auch das was er in seiner Relativitätstheorie beschrieben hatte, war zumindest vorstellbar. Man schien alles im Griff zu haben. Geist, oder Geistiges hatte in der Physik nichts zu suchen. Nicht zuletzt durch die Evolutionstheorie schien Gott abgeschafft. Bei der Solvay–Konferenz 1927, zu der sich wieder die renommiertesten Physiker trafen; die Quantentheorie war derzeit bereits ein fester Bestandteil der Physik, sprach Einstein auffällig oft über Gott, wobei er stets einen persönlichen Gott ablehnte. Damit war erkennbar, dass auch er als Physiker ohne das geistige nicht auskam«.

Inzwischen war Friedrich zu uns gekommen, er ging ein paar Schritte hinunter zum Wasser, schaute sich kurz um und kam wieder hoch. Wir rückten etwas beiseite, damit auch er auf der Bank Platz nehmen konnte. Er sagte: »Ich war eingeschlafen, wusste aber wo ich euch finde«.

In Anlehnung an das, was Christian gesagt hatte merkte ich an: Das Geistige in der Natur sei wohl im alltäglichen Leben nicht erfahrbar. Friedrich reagierte darauf indem er sagte, dass er dies aus seiner Sicht nicht sagen könne. Friedrich kam hierbei auf seinen Pütz, wie im hiesigen Gebiet die gemauerten Tiefbrunnen genannt werden, zu sprechen. Der Wasserstand in seinem Pütz kam in den zurückliegenden Jahren mehrmals in einen kritischen Bereich. Damals sprach er mit einem Brunnenbauer um eventuell an zusätzliches Wasser zu gelangen. Heutzutage werden die Brunnen nicht mehr so großräumig ausgegraben und von innen ummauert. Das Berufsbild des Brunnenbauers hat sich insoweit geändert, dass durch eine Bohrung mit einem Hohlkörper bis unterhalb des Wasservorkommens vorgedrungen wird. Kommt man dabei an Wasser, wird ein Drainagerohr eingeführt und mit einer Filterschicht umfüllt. Mittels entsprechender Vorrichtung wird dann nach Bedarf das aufkommende Wasser nach oben gepumpt. Der Brunnenbauer sagte zu Friedrich, die Aussicht auf Wasser zu stoßen sei gering, wenn man einfach an einer beliebigen Stelle danach bohren würde. Er schlug Friedrich vor, einen Wünschelrutengänger mit der Wassersuche zu beauftragen, die richtige Stelle hierfür auszuloten. Der Brunnenbauer wusste auch schon, wem er dies zutrauen würde.

Zwei Wochen später trafen sich der Brunnenbauer mit Franz, dem Wünschelrutengänger und Friedrich auf dessen Grundstück in der Nähe des Hauses. Nach kurzer Aussprache nahm Franz eine seiner Wünschelruten aus Weide, packte beide Enden mit festem Griff und ging so über einen Bereich des Grundstücks. Es schaute zunächst aus, als ginge er etwas ziellos umher. Plötzlich schlug der Haupttrieb des astgabeligen Gebildes kräftig nach oben gegen das Brustbein von Franz. Um sich zu vergewissern, wiederholte Franz das Gleiche und legte auf die Stelle des Ausschlags einen dünnen Stock auf die Erde. Friedrich fragte sich, warum Franz weitersuchte, hatte er doch etwas gefunden. Friedrich sagte aber nichts, ihm schien Franz in diesem Moment etwas wortkarg. Im Verlauf wo sich Gleiches wiederholte, legte Franz weitere Stöckchen aus. Dann schien er einen kleinen Bereich etwas unschlüssig in Betracht zu nehmen. Schließlich rammte er mit einem Hammer einen Pfahl in die Erde mit den Worten: Hier müssten sich zwei Wasseradern kreuzen. Franz nahm ein Teil aus Draht hervor, dass ebenfalls eine Wünschelrute war. Er blieb unweit vom eingeschlagenen Pfahl stehen, wobei es schien, als führe er Selbstgespräche. Während dessen neigte sich zu gewissen Zeitpunkten diese Wünschelrute zwei Mal stark nach unten. An anderer Stelle, auch unmittelbar beim Pfahl, wiederholte sich dieses noch einmal. Franz schien jetzt irgendwie gelöst und legte auch diese Wünschelrute beiseite. Er teilte dem Brunnenbauer und Friedrich mit: An der Stelle wo sich der Pfahl befindet, kreuzen sich zwei Wasseradern. Die obere befindet sich in 12 Meter und die untere in 26 Meter Tiefe. Auch wusste Franz zu sagen, wie ergiebig beide Wasseradern seien.

Dann fuhr Friedrich fort: »Vorweg gesagt, was der Rutengänger Franz angekündigt hatte ist eingetroffen. Was mich irritierte, das Ausschlagen der Wünschelrute aus Weide bedarf einer enormen Kraft. Jedoch lässt sich mit allem was der Physik an Messmitteln zur Verfügung steht, keinerlei Impulsgebung sowie Kräfte die auf die Wünschelrute einwirken nachweisen«. Auf meine Frage, wohin sich die Wissenschaft zum Phänomen mit der Wünschelrute positioniert hat, schien mir Friedrich zunächst etwas unsicher zu sein. Dann begann er darzulegen: »Ich würde sagen, dass sich die Wissenschaft mit diesem Phänomen eigentlich nicht beschäftigt. Damit sage ich nicht, dass einige Wissenschaftler sich hierzu nicht zu Wort gemeldet haben. Es wurden Versuchsabläufe konstruiert, die ich für mich als dilettantisch bezeichne. So wurden Verrohrungen welche Wasser beinhalten verlegt und Wünschelrutengänger darüber geschickt um diese aufzufinden. Noch kurioser, mehrere abgedeckte Eimer, wobei einer von ihnen Wasser enthielt, sollte mit der Wünschelrute ausfindig gemacht werden. Auch Franz wäre verwundert, wenn solche Versuchsaufbauten zu einem positiven Ergebnis geführt hätten. Die Aussagen solcher Versuchsergebnisse waren immer die gleichen, dass Phänomen mit der Wünschelrute wurde bzw. wird daraufhin als nicht existent erklärt. Das Ausschlagen der Wünschelrute wird damit erklärt, eine gespannte Wünschelrute befände sich derart in einem instabilen Zustand, sodass eine unwillkürliche Bewegung des Wünschelrutengängers den Ausschlag bzw. Kippmoment der Rute auslösen würde, dabei soll die Erwartung des Rutengängers diese unwillkürliche Bewegung auslösen«.

Friedrich sagte weiter: »Das die Funktion der Wünschelrute nicht durch direkte Einwirkung des Wünschelrutengängers begründet werden kann, lässt sich gut mit einer herkömmlichen Rute aus Weide oder Hasel, die seit Jahrhunderten belegt sind nachweisen. Diese Rute hat eine Y – Form, eine dünne Astgabel, deren Seitentriebe der Rutengänger in seinen Händen hält. Schaut man hierbei einem Rutengänger sozusagen genau auf seine Finger stellt man fest, dass sich die Seitentriebe nicht bewegen, während die Rute ausschlägt. Demzufolge kann dieser Ausschlag nur von der Rute selbst kommen. Wenn dem so ist, ist die Behauptung der Nichtexistenz des Wünschelrutenphänomens schlichtweg falsch.«.

Christian sagte zu Friedrich, er erinnere sich bei dieser Thematik an ein Gespräch, das sie beide vor ein paar Jahren geführt hätten. Damals ging es im eingehenden Gedankenaustausch um Wasser und was speziell mit Wasser in Verbindung gebracht werden kann. Ebenso speziell ist die Verbindung der Wünschelrute mit Wasser. Was Christian und Friedrich im folgenden Gespräch in Erinnerung riefen und sich erneut damit auseinandersetzten, war für mich symbolisch gesprochen Neuland.

Wasser mit der chemischen Formel H_2O ist das einzige Molekül das in allen drei Aggregatzuständen, gasförmig, flüssig und fest vorkommt. Es setzt sich aus zwei Wasserstoffatomen und einem Sauerstoffatom zusammen. So hat Wasser die größte Oberflächenspannung aller Flüssigkeiten. Beim Kapillareffekt steigt das Wasser höher wie der Basiswasserspiegel. Nach Prof. Dr. Rustum Roy und anderen Wissenschaftlern ist Wasser der größte Erinnerungsspeicher den es gibt. Mit Hilfe moderner Messinstrumente sei nachgewiesen worden, dass jedes Wassermolekül 400.000 Informationskanäle besitzt. Jeder dieser Kanäle zeichnet ein separates Vorkommnis aus der Umwelt auf. Hierfür bedingt das Wasser einer gewissen Strukturierung, man spricht in diesem Zusammenhang von strukturiertem Wasser. Die Wassermoleküle fügen sich dabei in Gruppen, sogenannten Clustern zusammen. Ein natürlicher Wasserlauf ist für die Bildung dieser Cluster förderlich. Die Wasserführung durch ein Leitungssystem mit seinen Verwinkelungen und Ventilen bewirkt eher das Gegenteil. Darauf deutet das Ergebnis nach dem Bewässern eines Gartens bei Trockenheit mit Leitungswasser. Hingegen beginnt nach ergiebigem Regen alles zu sprießen. Besonders beim Wasser ist das Zitat des Aristoteles zutreffend: „Das Ganze ist mehr als die Summe seiner Teile." Somit ist Wasser mehr als nur H2O. Ohne diese und weitere Anomalien des Wassers gäbe es nicht diese belebte Natur.

An dieser Stelle fragte ich: »Wäre auch eine Natur auf ganz anderer Grundlage basierend möglich«? Friedrich sagte hierzu: »Ich denke ja! Auch Albert Einstein wollte wissen, welche Freiheiten Gott bei der Erschaffung der Welt hatte. Der Urgrund aller Schöpfung befindet sich im Geist, so befindet sich der Absolutheitsanspruch ebenfalls im Geist. Einschränken ist keine Wesenseigenschaft von Geist«. Ich fragte nun, wie ich mir vorstellen könnte, dass durch Geist, der nicht aus Materie sein soll, dieses alles geworden ist. Christian überlegte kurz, wonach er sagte: »Um dies zu verstehen, darf man nicht mit der Frage beginnen was Geist ist, vielmehr damit, was Geist bewirkt. Max Planck hat von einer Wesenszugehörigkeit des Geistes gesprochen. Weil Geistiges nicht mit Materie auf messbarer Ebene einhergeht, kann man sich dazu kein Bild machen und auch nicht beschreiben. An dieser Stelle komme ich wieder auf die Wünschelrute zurück. Damit es bei einer herkömmlichen Wünschelrute zum Ausschlag kommt, müssen bestimmte Kräfte am Werk sein. Beim Ausschlagen einer herkömmlichen Wünschelrute wird dem Rutengänger eine gewisse Kraftanstrengung abverlangt um die Rute zu halten, der Haupttrieb der Wünschelrute wird wie von unsichtbarer Hand nach oben gedrückt. Da keine physikalischen Größen beim Ausschlagen feststellbar sind, ist die Vorstellung nicht abwegig, dass die Kraft mit der die Rute ausschlägt, erst an der Rute selbst entsteht. Dieses Phänomen könnte mit Wechselbeziehung im Bereich Information erklärbar sein. Hierfür nehme ich mir eine Darlegung von Carl Friedrich von Weizäcker zu Hilfe, er war einer der renommiertesten Physiker, die seine Zeit hervorgebracht hat. Weizäcker sah in zweidimensionalen Informationsstrukturen die kleinsten Strukturen der Materie, wobei zu bedenken ist, dass Materie und Energie äquivalent (*gleichwertig*) sind. Wie diese Strukturen positioniert, miteinander verflochten, und deren genaue Eigenschaften sind, dies ist eine eigene Thematik. Hans Peter Dürr (*mehrmals im Direktorium des Max-Planck-Instituts für Physik*) erklärte: Geist kann zu Materie, doch Materie nicht wieder zu Geist werden. Ist dem was Carl Friedrich von Weizäcker und Hans Peter Dürr zu Information in Bezug zu Energie sagten Rechnung zu tragen, wäre das Wünschelrutenphänomen mit Information erklärbar«.

Für Friedrich ist auffällig, dass das Johannesevangelium mit den Worten: „Im Anfang war das Wort" beginnt. Dieses Wort scheint von großer Bedeutung zu sein, da es gleich in drei aufeinanderfolgenden Versen gedeutet wird. Da sich dies im geistigen Bereich befindet, ist es als Gleichnis-Rede zu verstehen. In Bezug, dass nichts ohne das Wort geworden ist, lässt sich „Wort" auch im Sinn von Carl Friedrich von Weizäcker mit „Information" interpretieren. Wie Christian sagt, ist das Elementarteilchen die kleinste Form von Materie. Bereits in der Antike gab es die Vorstellung von einem kleinsten Teilchen, man nennt es Atom, was unteilbar bedeutet. Demnach bestünde das Atom aus einer einheitlichen Masse. Beim Erforschen des Atoms stellte man jedoch fest, dass Atom selbst besteht aus mehreren verschiedenen Teilchen, Protonen, Neutronen und Elektronen.

Der Large Hadron Collider ist ein Teilchenbeschleuniger im CERN, dem Kernforschungszentrum bei Genf. Der Beschleuniger besteht aus einer Tunnelröhre mit einem Umfang von 26,659 Kilometern. Hier wie auch in anderen Beschleunigern auf der Welt bringt man Elementarteilchen, zum Beispiel Protonen mit annähernder Lichtgeschwindigkeit auf Kollisionskurs, um sie in noch kleinere Bestandteile zu zerteilen. Das Ergebnis, welches sich hier zeigt, entspricht nicht der klassischen Physik. Die durch den Aufprall entstehenden Teilchen haben die gleiche Masse wie das Ausgangsmaterial. Die Erklärung hierfür sei relativ einfach: Beim Zerbersten der Elementarteilchen wandelt sich die Geschwindigkeitsenergie in Materie. Werner Heisenberg bezeichnet die Form als die Basis der Elementarteilchen, in die sich die Energie begeben muss um Materie zu werden. Diese Form stellt sich keineswegs dar, wie wir sie aus der klassischen Physik kennen. Wie die besagte

Form zu verstehen ist, darauf soll später eingegangen werden.

Bei der anschließenden Unterhaltung nahm ich die Rolle des Zuhörers ein, wobei ich nur dazulernen konnte. Friedrich und Christian schienen über die Entwicklung ihres Berufszweiges gut informiert.

Bereits im 5. Jahrhundert v. Chr. wurde über Materie philosophiert. Dabei glaubte man schon damals, dass Materie nicht kontinuierlich teilbar sei. Das letzte unteilbare Teilchen wurde als Teilchen mit einheitlicher Masse verstanden. Der griechische Philosoph Leukipp und sein Schüler Demokrit gaben diesem Teilchen den Namen Atomos (Atom), das wörtlich unzerschneidbar heißt. Bis Anfang des zwanzigsten Jahrhunderts entstanden Atommodelle durch Überlegungen, die sich nicht nur als Phantasiegebilde herausstellen sollten. Der Naturforscher John Dalton (*1766 – 1844*) erklärte, dass es so viele verschiedene Atome wie Chemische Elemente gibt. Erst durch Versuche, Messungen und Berechnungen wurde festgestellt: Ein Atom besteht aus verschiedenen Elementen. Es setzt sich aus einem Atomkern bestehend aus Protonen und Neutronen, sowie je nach Element aus einem oder mehreren Elektronen, in verschiedenen Schalen zusammen. Der Atomkern weist je nach Element 99,95 bis 99,98 Prozent der gesamten Atommasse auf. Die Elektronenschalen bilden die Außenhülle des Atoms. Der Durchmesser des gesamten Atoms ist zehntausend Mal größer als der Durchmesser des Atomkerns. Um sich dieses größenmäßig zu veranschaulichen, stellt man sich die Außenlinie eines Fußballfeldes als Atomhülle vor. Dann wäre eine Erbse in der Mitte des Spielfeldes der Atomkern. Zwischen Atomkern und

Elektronenschalen ist luftleerer Raum. Hiermit hat sich letztendlich das Atommodell von Niels Bohr durchgesetzt. Das Elektron im Atom ist negativ geladen, seine Lokalität ist unbestimmt. Erst bei einer Messung, wie in der Quantenphysik beschrieben, entscheidet es sich für einen bestimmten Ort. Man glaubte fälschlicherweise, ein Atom sei eine Miniaturausgabe des Sonnensystems, wobei die Elektronen die Planeten in ihrer Umlaufbahn darstellten. Im Normalzustand befinden sich die Elektronen in einer bestimmten Kreisbahn. Dies ändert sich, wenn dem Atom Energie, beispielsweise in Form von Wärme zugeführt wird. Dann nimmt das Elektron eine höhere Kreisbahn ein. Dieser Wechsel vollzieht sich nicht kontinuierlich. Das Elektron springt punktuell in eine neue Kreisbahn. Dieser Wechsel ist mit „Quantensprung" definiert. Dies ist die Konsequenz daraus, dass Energie nicht kontinuierlich, sondern nach Max Planck, gequantelt vorkommt. Das Proton im Atomkern trägt eine elektrisch positive Ladung, das Neutron besitzt keine elektrische Ladung. Bevor es zu einer Kernspaltung kam sagte der britische Physiker und Nobelpreisträger Ernest Rutherford (*1871 – 1937*), „Die bei der Kernspaltung freiwerdende Energie ist denkbar gering. Wer an die wirtschaftliche Ausbeutung von Atomenergie glaubt, lebt in einem Wolkenkuckucksheim."
Liese Meitner (*1878 - 1968*) und Otte Hahn (*1879 - 1968*) arbeiteten gemeinsam im Kaiser-Wilhelm - Institut in Berlin an der Erforschung des Atoms. Lise Meitner musste sich hier erst einmal ihren Platz in verschiedener Hinsicht erkämpfen. Frauen wie sie, wurden als geistige Amazonen beargwöhnt. Nach der Annektierung Österreichs (*Heimat von Lise Meitner*) musste sie wegen ihrer jüdischen

Abstammung Deutschland verlassen. Dies gelang ihr mit Hilfe von Otto Hahn am 13. Juli 1938 über die Niederlande und Dänemark nach Schweden. Dort arbeitete sie im Nobelinstitut. Obwohl es durch den damaligen Nationalsozialismus schwierig und gefährlich war, standen Otto Hahn und Lise Meitner weiterhin in Verbindung.

Im Dezember 1938 beschossen Otto Hahn und Fritz Straßmann Uran mit Neutronen. Dabei kam es zur Kernspaltung, wobei als Spaltprodukt zunächst Barium festgestellt wurde. Otto Hahn informierte Lise Meitner hierüber, er bezeichnete das Geschehnis als zerplatzen des Uranatoms, vermochte diesen Vorgang jedoch nicht zu deuten. Derzeit verweilt Otto Frisch aus London in seinen Weihnachtsferien bei seiner Tante Lise Meitner. Während einem Schneespaziergang gelang es beiden das Geschehen bei der Kernspaltung zu deuten. Da das Bariumatom wesentlich leichter als das Ausgangsproduckt Uran sei, müsste bei der Spaltung eine verhältnismäßig große Menge Energie entstanden sein. Hieraufhin war beiden bewusst, dass es in Zukunft sozusagen gefährlich werden würde. Diese Erkenntnis widersprach auch der Vorhersage von Ernest Rutherford, wonach die bei einer Kernspaltung freiwerdende Energie für eine wirtschaftliche Nutzung zu gering sei.

Anschließend wurde mit dem Ziel geforscht, die bei der Kernspaltung freiwerdende Energie nutzbar zu machen, was das auch immer bedeuten mochte. Werner Heisenberg versuchte man goldene Brücken zu bauen, um ihn als Wissenschaftler für die Vereinigten Staaten zu gewinnen. Heisenberg entschied sich aber bei seiner Familie in Deutschland zu bleiben. Später war ihm bewusst, dass er durch diese Entscheidung sozusagen gezwungen war, einen Pakt mit dem Teufel einzugehen (*gleich Faust, der einen Pakt mit Mephisto einging*). Mehrere renommierte Wissenschaftler mussten wie Lise Meitner Deutschland verlassen, weil sie jüdische Wurzeln hatten. Gleichzeitig wurden bestimmte Forschungsgebiete, in denen diese Wissenschaftler forschten als jüdische Physik verunglimpft. Werner Heisenberg, der im gleichen Bereich forschte wie diese Wissenschaftler, mit denen er zusammengearbeitet hatte und auch befreundet war, wurde als weißer Jude mitverunglimpft. Später wurde die als jüdisch verunglimpfte moderne Physik für die nationalsozialistischen Machthaber interessant. Man ging davon aus, wenn mit einer Kernspaltung etwas Brauchbares zustande kommt, sei dieses auch Militärisch anwendbar. So dauerte es nicht lange, bis das Verteidigungsministerium an Werner Heisenberg herantrat. Heisenberg, der von 1942 bis 1945 Leiter des Kaiser-Wilhelm-Instituts für Physik in Berlin war, baute 1941 die Vorform eines Atomreaktors.

Zusammen mit seinem Mitarbeiter Carl Friedrich von Weizäcker entstand die Idee, Niels Bohr in Kopenhagen mit dem Ziel aufzusuchen, um eine Vereinbarung zwischen den Physikern auf beiden Kriegsseiten zu treffen, keine Atombomben zu bauen. Obwohl Werner Heisenberg wusste, wie gefährlich diese Unternehmung für ihn war, auch das die Vorzeichen für eine Verständigung schlecht schienen, reiste er hierfür im September 1941 zu Niels Bohr nach Kopenhagen. Deutschland hatte 1940 Dänemark besetzt, Werner Heisenberg wusste zudem, dass er überwacht wurde. Die damalige Situation hatte Niels Bohr sehr misstrauisch gemacht. Heisenberg begann dieses Gespräch mit der Frage, ob es richtig sei sich in Kriegszeiten dem

Uranproblem zu widmen. Bohr stellte daraufhin die Gegenfrage: Glaubst du, dass der Bau der Atombombe möglich ist! Als Heisenberg antwortete: Ich weiß das es möglich ist, brach Bohr das Gespräch schockiert ab. Werner Heisenberg hatte geglaubt, Niels Bohr signalisieren zu können, Deutschland könne zu dieser Zeit keine Atombombe bauen, wobei die Gegenseite sich auch nicht damit beschäftigen solle. Im Gegenteil, dieser Besuch wurde bildlich gesprochen zum Brandbeschleuniger.

Im Jahr 1942 kam es zu einem Treffen mit dem Reichsrüstungsminister Albert Speer, wobei dieser die Frage an Heisenberg richtete: Wie groß muss eine Atombombe sein, die London zerstören kann? Darauf antwortete Heisenberg: So groß wie eine Ananas! Auf die Frage einer Realisierung antwortete Heisenberg, dass dies einem enormen technischen Aufwand bedarf. Da der Führer, wie Hitler sich nennen ließ, Ende 1941 den Befehl gab, alle Unternehmungen die länger als ein halbes Jahr dauern zu unterlassen, war hiermit dieses Thema irrelevant.

Berlin schien gegen Ende des zweiten Weltkrieges nicht mehr sicher. Daraufhin wurde das Kaiser Wilhelm-Institut für Physik von Berlin nach Württemberg in das Städtchen Haigerloch verlegt. Dort baute man in einem Felsenkeller einen Forschungsreaktor, den Heisenberg mit seinen Mitarbeitern in Gang bringen wollte. Oft übte Werner Heisenberg auf der Orgel der dortigen Kirche, die sich über diesem Keller befindet, oder gab Konzerte für die Einheimischen. Er schien es mit seinen Forschungsarbeiten nicht eilig zu haben. Gegen Kriegsende floh Werner Heisenberg mit einem Fahrrad von Haigerloch 270 Kilometer zu seiner Familie nach Urfeld am Walchensee. Der Forschungsreaktor in Haigerloch wurde von britischen und amerikanischen Mitgliedern der sogenannten Alsos-Mission demontiert und nach USA verbracht. Werner Heisenberg wurde in seinem Haus in Urfeld verhaftet und im englischen Farm Hall mit neun weiteren Wissenschaftlern interniert, wo diese die Kriegsgefangenschaft verbrachten.

Am Nachmittag des 6. August 1945 erfuhr Werner Heisenberg von seinem Mitgefangenen Karl Wirtz, einer Rundfunkmeldung zufolge sei auf die japanische Stadt Hiroshima eine Atombombe abgeworfen worden. Werner Heisenberg wollte diese Meldung nicht glauben. Er schrieb aus seinen Erinnerungen in seinem Buch „Der Teil und das Ganze“:

„Erst am Abend, als der Berichterstatter im Rundfunk den riesigen technischen Aufwand schilderte, der geleistet worden ist, musste ich mich mit der Tatsache abfinden, dass die Fortschritte der Atomphysik, die ich 25 Jahre lang miterlebt hatte, nun den Tod von weit über hunderttausend Menschen verursachte. Am tiefsten getroffen war begreiflicherweise Otto Hahn. Die Uranspaltung war seine bedeutendste wissenschaftliche Entdeckung, sie war der entscheidende und von niemandem vorhergesehene Schritt in der Atomphysik gewesen. Und dieser Schritt hatte jetzt eine Großstadt und ihre Bevölkerung, unbewaffnete Menschen, von denen sich die meisten am Kriege unschuldig fühlten, ein schreckliches Ende bereitet. Hahn zog sich verstört und erschüttert in sein Zimmer zurück, …“

Die Atombombe entstand im Manhattan-Projekt unter der Leitung des Physikers J. Robert Oppenheimer.

Der erste Atombombentest fand in der Wüste von New Mexico statt. Die Bombe wurde auf einen 30 Meter hohen

Turm montiert. Am 16. Juli 1945 um 5:29:45 Uhr lokale Zeit wurde diese Bombe gezündet. Beispielgebend für vieles, das bis hierher noch nicht gesehen wurde, und man sich vorstellen konnte sei gesagt: Durch die starke Hitze schmolz der Wüstensand an besagter Stelle zu grünlichem Glas. Friedrich sagte: »Wenn ich versuche mir dieses Geschehnis vorzustellen, zeigt sich mir der Baum der Erkenntnis, der in der Genesis 2.9 beschrieben ist. J. Robert Oppenheimer gab der ersten Kernwaffenexplosion den Namen "Trinity"-Test. Trinität leitet sich vom lateinischen Trinitatis ab, was Dreifaltigkeit bedeutet. Dreifaltigkeit – göttlich!

Später schrieb Oppenheimer, er könne sich nicht erinnern, warum er der ersten Atombombenexplosion diesen Namen gegeben habe. Christian meinte, es sei schlecht nachvollziehbar, wenn man einem solchen brisanten Ereignis diesen Namen gegeben habe und sich später nicht mehr erinnern könne warum dieser Name gewählt wurde. So veranlassen gewisse Errungenschaften deren Akteure sich als gottgleich zu sehen, gegebenenfalls eine Nichtexistenz Gottes zu proklamieren. Von 1945 bis heute wurden mehr als 2000 Tests mit Atombomben durchgeführt. Diese Tests fanden sowohl unterirdisch wie auch oberirdisch statt. Tests die in mehreren hundert Kilometer Höhe stattfanden, führten zum Zerreißen des Van-Allen-Gürtel. Dieser Gürtel besteht durch das Magnetfeld der Erde und ist als ein Schutzgürtel vor Strahlung aus dem All zu betrachten. Er erstreckt sich in einer Höhe von 700 bis 58.000 Kilometer. Ärzte die sich mit der Problematik durch Atombomben - Tests befassen, gehen von 2,4 Millionen Todesopfer aus, die diese Tests zu verantworten haben. Abschließend sagte Friedrich: »Der

Baum der Erkenntnis hat viele Früchte, auch diese Frucht hätte man besser am Baum hängen lassen«.

Ich stellte mir die Frage, die ich dann auch äußerte: »Warum soll man an und mit den Atomen forschen, wenn eine Anwendung wie geschehen, sich als so desaströs herausstellt«? Darauf antwortete Christian: »Zu dieser Frage kann ich mich nur der Auffassung von Werner Heisenberg anschließen. Er schloss sich nicht der Allgemeinheit an, welche die Atomtechnik für die wichtigste Konsequenz hielt. Er war der Überzeugung, dass die philosophischen Konsequenzen aus der Atomphysik auf lange Sicht mehr verändern würden. Die Weltanschauung ist seit der Quantenphysik eine andere geworden. Die Quantenphysik gilt als die Physik des Möglichen, wobei sich nichts mehr so schnell und unwiderruflich in Stein meißeln lässt, wie es bei der klassischen Physik möglich gewesen ist. Bei genauer Betrachtung lösen sich die Widersprüche zwischen Naturwissenschaft und Religion geradezu auf. Die Zunahme an Allgemeinbildung ist nicht spurlos an den Menschen vorübergegangen. Besonders die Diskrepanz zwischen der allgemeinen Weltanschauung und dem, was man aus dem Elternhaus mit auf den Weg bekommen hat zeigt sich bei vielen Menschen als unüberbrückbarer Gegensatz. Unüberbrückbares in sich zu tragen kann krank machen. Durch das sich neu entwickelte Verhältnis zwischen Religion und Naturwissenschaft, welches sich durch die philosophischen Konsequenzen aus der Atomphysik bzw. Quantenphysik ergeben, lassen sich neue Wege öffnen«.

Zurück zu den Wurzeln.

Auf dem Rückweg, der für uns zu einem Rundweg wurde, gingen wir an der rechten Seite des Flüsschens entlang. Von hier gibt es keinen direkten Weg mehr zu den Anwesen von Marie, Friedrich und Christian. Es waren noch etwa fünfzehn Minuten Fußweg zu der Ortschaft von der wir bereits die ersten Häuser sehen konnten, als wir zu einer Kapelle kamen, neben der eine Eiche mit kugelförmiger Baumkrone stand. Friedrich ging gleich auf die Kapelle zu, nahm nach dem Öffnen der rechten Seite der doppelflügeligen Tür seine Kopfbedeckung ab und trat mit langsamen Schritten hinein, worauf ich ihm folgte. Er ging im vorderen Bereich nach links auf eine Doppel Figur zu, die auf einem Sockel stand, der an die Wand montiert war. Die Figur stellte einen Geistlichen mit Soutane, Stola und Birett dar. Dessen rechte Hand lag auf der Schulter eines Jungen, der seitlich vor ihm stand. Friedrich zündete eine der Kerzen an, die in unmittelbarer Nähe bereitlagen und platzierte sie dann auf einer metallenen Halterung, die eigens hierfür neben der Figur angebracht war. Er faltete seine Hände und hielt eine Weile inne. Danach wandte er sich mir zu und sagte. »Dies stellt den heiligen Don Bosco dar. Don Bosco ist der Patron der Jugend, besonders der gefährdeten Jugend. Fast immer, wenn ich hier vorbeikomme, zünde ich bei Don Bosco eine Kerze an. Zum einen als Dank, dass ich in meiner Jugend die richtigen Menschen an meiner Seite hatte. Zum anderen um Fürsprache von Don Bosco bei Gott für die heutige Jugend«. Christian hatte derweil draußen auf einer aus dicken Holzbohle hergestellten Bank Platz genommen. Bevor wir weitergingen, gesellten wir uns zu ihm. Als wir uns danach gegenüber dem besagten Ort befanden, überquerten wir das Flüsschen über eine schmale überdachte Holzbrücke, die in den Ort hineinführt. Im Ort kam es zu einigem Wortwechsel zwischen Friedrich und Bewohnern des Dorfes. Mir fiel auf, dass Friedrich dabei gewisse Worte im hier üblichen Dialekt sprach. Ich wusste von Friedrich, dass er zuvor anderswo gewohnt hat. Nachdem er in seinen Ruhestand versetzt wurde ist er hierhergezogen. Als ich Friedrich auf seine gute Aussprache des hiesigen Dialektes ansprach, sagte er. »Das ich hierhergezogen bin hat auch damit zu tun, dass sich ein Teil meiner Wurzeln hier befinden. Mein Opa mütterlicherseits wurde in dem Haus geboren, in dem ich jetzt wohne. Er musste seine Heimat für sein Studium schon früh verlassen und lehrte später Biologie und Latein am Gymnasium der Stadt, wo ich aufgewachsen bin. Ich war schon erwachsen als ich erfuhr, dass mein Opa auch ein Theologiestudium absolviert hatte. Es gab seitens der Familie die Erwartung, dass er Priester werden sollte. Als sich die Zeit der diesbezüglichen Entscheidung näherte, begann er mit sich zu hadern. Schließlich entschied er sich für das Leben mit einer eigenen Familie«. Darauf sagte Christian: »Wäre dein Opa Priester geworden und hätte wie vorgegeben zölibatär gelebt, würde es dich jetzt nicht geben«. Friedrich antwortete darauf: »Solche Gedanken gingen in Vergangenheit oft in meinem Kopf um. Dabei habe ich mich weniger damit beschäftigt, inwieweit ich die Umstände, die zu meiner Menschwerdung führten als eine glückliche Fügung sehen soll. Bei solcher Betrachtungsweise sind gewisse Widersprüche vorprogrammiert. In Kriegszeiten wurde eine Großzahl von Kindern gezeugt, deren Eltern sich erst durch diese

Gegebenheit kennen gelernt hatten, sich in Friedenszeiten höchstwahrscheinlich nie begegnet wären. Solche Betrachtungsweise führt dazu, dass Betroffene ihren Weg ins Leben einem herbeigeführten Unheil verdanken. Kinder aus einer Vergewaltigung haben es noch schwerer mit dieser Tatsache, wenn überhaupt, Frieden zu finden. Als Theologe, der ich ja auch bin habe ich hierzu nur eine Antwort: Jeder Mensch ist von Anbeginn der Zeit ins Leben berufen, somit auch vor der Geburt seiner Eltern. Somit ist ihr Dasein nicht ausschließlich einer gewissen physikalischen Gegebenheit geschuldet«. Christian schaute Friedrich mit einer schwer zu deutenden Miene an, wobei er sagte: »Ich fürchte zu dem was du sagst, keinen Zugang zu finden«. Friedrich fand diese Thematik weniger kompliziert, indem er deutete: »Die Wahrscheinlichkeit das ich als Friedrich so wie ich bin das Licht der Welt erblicken würde, war von vorneherein äußerst gering. Das ein bestimmtes Spermium zu einer Befruchtung beiträgt, unterliegt einer Wahrscheinlichkeit von 1:40 Millionen. Rechnet man noch andere Faktoren hinein, war die Wahrscheinlichkeit, dass ich so ins Leben kommen würde gleich Null. Dabei ist das was wir hier beschreiben nur die physikalische Komponente unseres Menschseins. Das Geistige, was auch als Seele bezeichnet wird, ist das primäre unseres Seins, was auch letztendlich bleiben wird. Im Geistigen gibt es kein Davor und kein Danach, somit auch nicht die Zeit wie wir sie aus unserer physikalischen Erfahrungswelt kennen, nur das Jetzt. Aus diesem und anderen Blickwinkeln betrachtet erwächst die Erkenntnis: Das wir so wie wir sind geboren wurden, war von Anbeginn vorbestimmt«. Aus einem gemächlichen

Kopfnicken von Christian, glaubte ich eine gewisse Zustimmung zu erkennen.

Ich fragte Friedrich, ob er es geplant hätte seinen Ruhestand hier zu verbringen. Darauf sagte Friedrich, er sei in seiner Kindheit mehrmals mit seinen Eltern hier gewesen, habe auch zweimal seine Schulferien hier verbracht. Dabei hat er den hiesigen Dialekt kennengelernt. Doch mit der Zeit sei der Kontakt zu dieser Familie zunehmend weniger geworden. Marie, die noch immer mit einer Verwandten aus diesem Haus in Kontakt stand sagte ihm damals, sie habe vor wenigen Tagen mit der besagten Verwandten telefoniert und erfahren, dass Elternhaus seines Opas stehe zum Verkauf. Ohne zu wissen wie sich dieses Haus nach all den vergangenen Jahren darstellt, fuhr er mit seiner Familie hin um sich einen Eindruck zu verschaffen. Dazu erwähnte Friedrich, er wollte eigentlich nur alles wieder sehen, bevor neue Bewohner dort einziehen. Als Friedrich nach der längeren Anreise vor diesem Haus stand, kam ihm alles kleiner vor, wie er es aus seiner Kindheit in Erinnerung hatte. Dieser Eindruck stellte sich bei Friedrich keineswegs negativ dar. Im Gegenteil, ihm wurde wie er sagte, leicht warm ums Herz. Das Innere des Hauses war für Friedrich nicht neu, seine Frau konnte sich zuvor nur etwas aus dem was Friedrich erzählte vorstellen. Friedrich brauchte anschließend bei seiner Frau keine besondere Überredungskunst anzuwenden. Bevor er dazu kam etwas hierzu zu sagen, sagte seine Frau: »Ich kann mir gut vorstellen hier zu wohnen. Vier Monate später bezog Friedrich mit seiner Frau dieses Haus«.

Hierauf meldete sich Christian zu Wort, indem er sagte. »Da wir schon seit längerer Zeit mit der Familie von

Friedrich befreundet waren, besuchten wir uns weiterhin, doch wegen der größeren Entfernung nicht mehr so oft. Bei einem der Besuche sagte ich beiläufig, ich hoffe, wenn euer Nachbarhaus einmal zum Verkauf steht, dass ihr mich darüber informiert. Wir haben damals diesbezüglich darüber gescherzt, was wir alles zusammen unternehmen, wenn wir einmal hier in Nachbarschaft wohnen werden, geglaubt daran habe ich damals eher nicht. Es war an meinem 64. Geburtstag, ich hatte mir frei genommen. Als am frühen Morgen bereits kurz nach sieben unser Telefon klingelte, war Friedrich am anderen Ende der Leitung. Ich glaubte fast den ganzen Wortlaut im Voraus zu wissen, den Friedrich anlässlich meines Geburtstags sagen würde, wobei ich das was ich darauf antworten wollte, mir auch schon gedanklich zurechtgelegt hatte. Was ich vernahm, hörte sich nicht wie Glückwünsche zum Geburtstag an. Friedrich sprach auch schneller als sonst. Er erzählte etwas von einem Nachbarn, der am Tag zuvor einige Sachen aus seinem Haus genommen hätte. Ich war zunächst einfach irritiert. Dann unterbrach ich Friedrich indem ich fragte: Was wolltest du mir eigentlich sagen? Friedrich erläuterte: »Vielleicht habe ich eben einiges aus dem Zusammenhang gebracht. Unser Nachbar war gestern hier und ist dabei sein Haus zu räumen, das schon ein paar Monate leer steht. Vor ein paar Tagen hat er mit seiner Familie beschlossen, dieses Anwesen zu verkaufen, ein weiterer Leerstand würde sich auf das Haus bzw. die Bausubstanz nur negativ auswirken«. Nachdem meine Frau und ich in Betracht gezogen hatten, dieses Haus wirklich zu kaufen, hat Friedrich für uns die Verbindung zu den damaligen Eigentümern hergestellt. Schon beim ersten Treffen mit den damaligen Eigentümern wurden wir uns handelseinig. Es dauerte etwas mehr als zwei Monate, bis wir mit den Renovierungsarbeiten beginnen konnten«. Friedrich hob an indem er sagte: »Es war an diesem Geburtstag bereits Abend, nach 20 Uhr, als uns bewusst wurde, dass wir dir noch nicht zu deinem Geburtstag gratuliert hatten, was wir dann sofort nachholten«.

Wir sind nicht allein.

Kurz bevor wir die kleine Ansiedlung mit den drei Häusern wieder erreichten, überquerte ein Fuchs kurz vor uns den Weg. Er schien von uns nicht besonders beeindruckt, dies erkannte man daran, dass er seinen gemächlichen Laufschritt beibehielt. Wie Christian zu berichten wusste, kommen die Rehe oft ganz nah an die Häuser, eigentlich gelten Rehe als sehr scheu. Dazu sagte Friedrich, er mag es auch, dass die Waldtiere sich manchmal den Häusern nähern. Oft würde er morgens die Rehe und auch die Hasen von seinem Küchenfenster aus beobachten. Doch als ihm vor zwei Jahren die Wildschweine ein Teil seiner Wiese hinterm Haus umgewühlt hatten, lernte er damit eine neue Variante des Landlebens kennen.

Inzwischen hatten sich die anderen vor dem Haus von Friedrich eingefunden. Katharina war dabei von dem Urlaub zu erzählen, den sie und Johannes ein Jahr zuvor auf der Insel Elba verbracht hatten. So auch von einer Bergwanderung und dem Blick von oben auf das Meer. Der Monte Capanne sei mit 1019 Meter der höchste Berg auf Elba. Dann gäbe es noch eine Besonderheit, die befände sich aber vor der Küste von Elba und lebt im Meer, in den dortigen Sedimentschichten. Dieser Lebensraum ist eigentlich für Lebewesen durch das darin befindliche Kohlenmonoxyd und dem Schwefelwasserstoff ein lebensfeindliches Umfeld. Der 12 bis 25 Millimeter lange Wurm mit dem Namen Olavius kann nur in einem solchen Umfeld leben. Er verfügt über keinen Verdauungstrakt. So nimmt er in diesem Sinn nichts in sich auf. Die Außenhaut von Olavius hat die gleiche Funktion wie das Innere unseres Darms mit den Darmzotten, womit diese die gelösten Stoffe aufnehmen. Auf der Außenhaut von Olavius haben sich Mikroben angesiedelt. Sie nehmen die in den Sedimentschichten befindlichen anorganischen Stoffe auf und wandeln diese in organischen Kohlenstoff. Gleiches geschieht auch in den Blättern der Pflanzen bei der Photosynthese. Olavius nimmt hiernach den Organischen Kohlenstoff als Nährstoff über seine Haut auf. Durch die Mikroben auf seiner Haut lebt er von dem, was ihn eigentlich töten würde. So etwas habe ich zuvor noch nicht gehört, auch Friedrich und Christian mit ihren Frauen zeigten sich erstaunt. Für Hans und Marie schien dies nichts neues zu sein. Hans, der in der Medizin erfahren ist, wusste was Mikroben angeht so einiges zu erzählen. Die gesamten Mikroorganismen werden mit dem Wort Mikroben zusammengefasst. Antoni van Leeuwenhoek (*1632 - 1723 Delft Niederlande*) entdeckte erstmalig Bakterien mit einem selbstgebauten Mikroskop. Jacob Henle (*1809 - 1885*) Anatom und Pathologe vertrat die Auffassung, parasitäre Organismen seien die Verursacher von Infektionserkrankungen. Er konnte jedoch keinen Beweis zu seiner diesbezüglichen Theorie vorlegen. Bei seinen Vorlesungen zur Anatomie saß auch Robert Koch (*1843 - 1910*) der spätere Entdecker des Tuberkelbazillus im Jahr 1882. Sein erstes Forschungsprojekt galt dem Milzbrand. Seinerzeit wurde der Viehbestand der Bauern durch diese Krankheit jedes Jahr erheblich dezimiert. Robert Koch konnte mit seiner Forschungsarbeit den Bacillus anthracis als Verantwortlichen für den Milzbrand ausfindig machen und diesem mit Gegenmaßnahmen entgegenwirken. Sporen des Bacillus können in der Erde Jahrzehnte lang überleben. Die Bauern begruben ihr an dieser

Krankheit verendetes Vieh dort, wo später wieder das gesunde Vieh weidete. Da die Sporen des Bacillus anthracis mit der Zeit an die Oberfläche fanden, war die Infektionskette hergestellt. Obwohl Robert Koch auch mit seiner Arbeit Rückschläge hinnehmen musste, wurde er zum Begründer der modernen Bakteriologie. Hygiene hatte damals in der Medizin noch so gut wie keinen Stellenwert. Die Wundbehandlung erfolgte ohne vorherige Desinfektion von Wundversorgungsinstrumenten bzw. Händen des Arztes. Um bei Epidemien die noch Gesunden zu schützen, wurden die Kranken wie in Biblischen Zeiten nur mit unzureichender Hilfe isoliert. Die Auffassung von Antoni van Leeuwenhoek wurde von den damaligen Medizinern als abwegig kommentiert. So wurden dann mit der neuen Erkenntnis pauschal alle Mikroben als Krankheitserreger postuliert. Diese Auffassung sollte 100 Jahre Bestand haben. Man betrachtete alle Bazillen, als krankmachende Organismen. Wo man sie vermutete oder auch nachweisen konnte, drohte ihnen die Vernichtung. Die Kenntnis bezüglich der Bakterien brachte auch anderweitigen Fortschritt mit sich. Der deutsche Chemiker Justus von Liebig (*Geb. 12. Mai 1803 in Darmstadt; gest. 18. April 1873 in München*) sah darin die Möglichkeit Lebensmittel haltbar zu machen, indem er den Bakterien die Lebensgrundlage entzog. Dieses gelang mit dem Verfahren des Einkochens. Dabei werden zum einen die Bakterien abgetötet, zum anderen ihnen durch das dabei entstehende Vakuum die Lebensgrundlage entzogen.

Erst in jüngster Zeit machten sich Zweifel an der allgemeinen Art gegen die Mikroben vorzugehen breit. Einer der Gründe die Mikroben aus verschiedenen Blickwinkeln zu betrachten mag die Feststellung gewesen sein, dass sich die uns nicht zuträglichen Mikroben zunehmend gegen Antibiotika resistent zeigen, hingegen es in den Ländern in denen kein Antibiotikum verabreicht wird, diese Problematik nicht zu geben scheint. Mikroben ist ein Sammelbegriff für Kleinstlebewesen. Die häufigsten Vertreter unter den Mikroben sind die Bakterien. Sie unterscheiden sich in einer Vielzahl von Gestalt und Eigenschaft. So gibt es beispielsweise phototrophe Bakterien. Wie aus der Bezeichnung herzuleiten ist, betreiben diese wie auch Pflanzen, Photosynthese. Dabei stellen sie Adenosintriphosphat (*ATP*), einen universellen und unmittelbar verfügbaren Energieträger her. Das Bakterien eine gewisse Temperatur nicht überleben, kann so nicht aufrechterhalten werden. Gewisse Bakterien scheinen erst bei hohen Temperaturen aufzuleben. In der Tiefsee befinden sich mancherorts sogenannte schwarze Raucher. Aus diesen strömt mit Schwefelwasserstoff angereichertes, bis zu 400 °C heißes Wasser, deren Bei-Stoffe Bakterien, die sich dort angesiedelt haben in Zucker umwandeln. Daraufhin entstanden dort Biotope, deren Bewohner sich von diesem Zucker ernähren.

Um zur Vielfalt der Bakterien zu gelangen, ist es nicht notwendig sich an einen bestimmten Ort zu begeben, dafür können wir bei uns selbst bleiben. Bei seiner Geburt wird ein Kind mit Bakterien die sich am Körper seiner Mutter befinden kontaminiert. Diese Art Kontaminierung ist für einen Mensch nicht nachteilig, sondern von Vorteil. Ein erwachsener Mensch ist nach Anzahl mit dem 10-fachen an Bakterien, gegenüber seinen Körperzellen besiedelt, wobei allein unsere sogenannte Darmflora 1500 verschieden Arten aufweist. Dieses Darm Biom hat für unseren Körper eine Funktion, gleich unseren Organen. Sie sind förderlich für eine ordentliche Verdauung und neutralisieren Schadstoffe im Darm. Ohne die unserem Körper zuträglichen Bakterien gäbe es keinen Schutz vor schädlichen Bakterien, Pilzen und Vieren, die sich in unsere Darmschleimhaut einnisten und Infektionen auslösen würden. Sie bilden Vitamine wie das Vitamin K. Dieses Vitamin spielt eine wichtige Rolle beim Prozess der Blutgerinnung. Auch zum Aufbau und Ernährung der Darmschleimhaut tragen Bakterien bei. So gibt es noch viele Aufgaben, denen unsere Darmbakterien nachkommen.

Es gab Hypothesen, wonach sich die Zusammensetzung eines Darmbioms hauptsächlich nach der Essgewohnheit des einzelnen Menschen richtet. Hierzu gibt es Volksgruppen die sich vorwiegend von Fisch, andere von Reis, Früchten oder auch Fertiggerichten mit Zusatzstoffen ernähren. Diese Annahme stellte sich als falsch heraus.

Forschungen zeigten, dass es im Grund nur 3 Hauptgruppen von Darmmikrobiom gibt. Dabei ist auffällig, dass die Anfälligkeit für eine bestimmte Krankheit einer der Hauptgruppen zuzuordnen ist. So wurden Mäuse mit einem Darmmikrobiom aus einer Gruppe, die Adipositas aufwiesen transplantiert. Hierbei wurden dann die Mäuse, welche eher als schlank einzustufen waren, schwergewichtig. Umgekehrt zeigte der Versuch die gleiche Auswirkung, fettleibige Mäuse zeigten sich danach mit Normalgewicht. Hieraus könnte eine neue Art von Medizin entstehen. Jedoch ist dies nicht so einfach, wie es anzunehmen wäre. Nach einer gewissen Zeit bildete sich wieder die vorherige Zusammensetzung des Darmmikrobioms zurück. Damit ist man erst am Anfang eines komplexen Forschungsgebietes.

Auch unser Äußeres, unsere Haut ist von Natur aus von Bakterien besiedelt. Unser Darm weist eine Oberfläche von mehreren hundert Quadratmetern auf, bei unserer Außenhaut spricht man hierbei von 2 Quadratmeter Fläche. Unsere Außenhaut ist an gewissen Stellen genauso gefaltet wie unser Darm. Vergleicht man unsere Außenhaut diesbezüglich mit unserem Darm, kommt man bei ihr auf eine Fläche von 20 bis 30 Quadratmeter. Für die Gesunderhaltung unserer Haut bedarf das Mikrobiom welches auf ihr angesiedelt ist einer entsprechenden Zusammensetzung. Mit Beginn der Pubertät verändert sich die Haut in gewisser Hinsicht. Bei Jungen beträgt die tägliche Talgproduktion auf einer Fläche von 10 Quadratzentimeter 2–3 Milligramm, bei Mädchen 1,5 Milligramm. Dementsprechend haben Jungen eine eher fettige Kopfhaut, bzw. fettiges Haar. Auf diese Veränderung müssen sich die darauf angesiedelten Bakterien erst einmal einstellen, bzw. formatieren. Es entsteht das, was man sammelbegrifflich, unreine Haut nennt. Akne und Mitesser sind hierbei die Folge, bei Jungen massiver als bei Mädchen. Die hiervon Betroffenen neigen oft dazu, sich durch intensive Hautreinigung mit nicht optimalen Mitteln Abhilfe zu verschaffen. Dabei wird oft der gesamte Bakterienstamm im betroffenen Bereich beseitigt. Eine schonende Reinigung mit beispielsweise einer milden Seife wäre hier sinnvoller. Es werden Bakterien gebraucht, die durch Abgabe von Enzymen dazu beitragen, dass sich die verhornte Hautschicht löst und dadurch die Talgdrüsen frei bleiben, was eine Entzündung verhindert. So leben auch Bakterien auf der Haut, die man zunächst als unbedeutend erachten könnte, doch dem ist nicht so. Diese Bakterien ernähren sich von unserer Ausdunstung, dem

Schweiß auf unserer Haut. Dabei bildet sich ein Duft, der sich bei jedem Menschen anders, speziell zeigt. Diese Tatsache ist bei einer Partnerwahl von besonderer Bedeutung. Der vielzitierte Spruch: Gegensätzliches zieht sich an, Gleiches stößt sich ab, kommt dabei zum Tragen, ebenso: Sich nicht riechen können. Bei Paaren die sich nicht riechen können ist die Aussicht gemeinsam gesunde Kinder zu zeugen eher gering, sie passen genetisch nicht zueinander bzw. sie unterscheiden sich diesbezüglich zu wenig. Katharina kam darauf zu sprechen, dass gewisse Bakterien mit Fischen in Symbiose leben, wobei sie Biolumineszenz erzeugen. Korallenfische besitzen unter ihren Augen Leuchtorgane, in denen sich eine Art Bakterien befinden, die wie das Wort Biolumineszenz sagt, Licht erzeugen können. Außerhalb dieser Lichtorgane würden diese Bakterien nicht überleben. Die Energie, mit der die Bakterien dieses Licht erzeugen, entsteht durch chemische Prozesse. Der chemische Stoff hierzu wird mit Luziferin bezeichnet.

Da diese Bakterien ständig leuchten, besitzt der Korallenfisch lichtundurchlässige Augenlieder, womit er die Lichtabgabe beliebig steuern kann. Viele Arten Meeresbewohner leben ebenso mit solchen Bakterien in Symbiose. Mit deren Licht bedienen sie sich zwecks Partnersuche, Tarnung, Beute anlocken, Fressfeinde ihrer Feinde anlocken und einiges mehr. Zum Zustandekommen von Biolumineszenz konnte ich mir wenig vorstellen, deshalb sagte ich zu Katharina: »Ich hatte in Vergangenheit gelesen, Licht entstehe durch Glühen bzw. Verglühen von chemischen Elementen«. Katharina sagte daraufhin: »Bei der Biolumineszenz spricht man von kaltem Licht. Es entsteht in eigens hierfür angelegten Leuchtorganen. Aus der Energie des

Luziferins werden Photonen erzeugt, womit auch die Farbe des Lichtes bestimmt wird«. Daraufhin sagte ich weiter: »Was Biolumineszenz genau ist, wusste ich bis vorhin nicht. Umso verwunderter bin ich über die Tatsache, dass Organismen sozusagen Elektrizität erzeugen können«. Katharina fragte, ob ich wisse was eine Bakteriengeißel sei, was ich verneinte. Was Katharina darauf zu berichten wusste, brachte nicht nur mich zum Staunen.

Eine bestimmte Art Bakterien bewegt sich mit einer sogenannten Geißel fort. Diese Geißel (*Flagellum*) stellt sich wie der Schwanz der Bakterie dar, wird aber nicht über Gliedmaßen oder dergleichen bewegt. Sie hat die Funktion einer Schiffsschraube, rotiert auch gleich einer Schiffsschraube, indem sie sich um die eigene Achse dreht. Dieses tut sie mit einer Geschwindigkeit von ca. 150 Umdrehungen pro Sekunde. Dabei kann die Bakterie deren Drehrichtung beliebig ändern. Beim Ändern der Drehrichtung, kommt die Geißel innerhalb einer ¾ Umdrehung zum Stehen. Der Antrieb der Geißel hat zudem den Aufbau eines Elektromotors. Dieser Motor ist auf Protonenantrieb ausgelegt.

Christian sagte fragend: »Ein rotierendes Teil in einem Organismus«? »Ja«, sagte Katharina, das was sie gesagt hätte sei alles andere, als ein Scherz gewesen. Christian schaute immer noch verwundert wobei er meinte: »Ein Bakterium mit einer Art Elektromotor, ich kann es immer noch nicht glauben«. Johannes, der bis jetzt eher die Rolle des Zuhörers eingenommen hatte sagte zu Christian: »Das Elektrizität bei Lebewesen nichts Außergewöhnliches ist, ist dir doch sicherlich bekannt. Ein Zitteraal und dergleichen können eine Spannung von 500 bis zu 860 Volt aufbauen.

Diese Fische lähmen mit Stromschlägen ihre Beutetiere, setzen die Stromschläge auch zu ihrer Verteidigung ein«. Hans fragte: »Wo kommt diese hohe Spannung her«? Johannes führte aus: »Diese Spannung wird in eigens hierfür angelegten Organen erzeugt. In diesen Organen befinden sich tausende von Elektrocyten. Die Elektrocyten entstehen durch verschmelzen von Muskelfasern und haben die Form von dünnen Platten. Die Elektrocyten sind in ihrer Eigenschaft und Funktion kleine Batterien mit einer Spannung von je 150 Millivolt. Da sie wie wir es auch aus der Elektrotechnik kennen, in Reihenschaltung miteinander verbunden sind, summiert sich bei beispielsweise 5733 Elektrocyten mal 150 Millivolt, eine Spannung von 860 Volt«. Hans sagte nur nebenbei: »Dies ist ja fast das Vierfache der Spannung, wie wir sie von unserem Energieversorger ins Haus geliefert bekommen«.

Geerbte Erinnerung.

Die Frauen kamen in ihrem Gespräch auf den Garten von Friedrichs Frau zurück, wohin sie vom Weiher aus gegangen waren. Am meisten bemängelte Friedrichs Frau die anhaltende Trockenheit, geregnet hat es schon länger nicht mehr. Das Bewässern mit dem Wasserschlauch hätte lediglich zur Folge, dass die Pflanzen nicht vertrocknen. Ein ergiebiger Regen wirke dem gegenüber was das Wachstum angeht Wunder. In den vergangenen Jahren hätten ihr die Raupen auf den Gemüsepflanzen Sorgen bereitet. Seit zwei Jahren überspannt sie das Gemüse mit einem Kulturschutznetz. Mit Produkten aus der Chemie gegen die Raupen vorzugehen, sei für sie keine Option gewesen.

Katharina sagte, obwohl Schmetterlingsraupen eine Plage sein können, sei sie von Schmetterlingen fasziniert. Ganz besonders faszinieren sie die Monarchfalter. Deren Raupen ernähren sich ausschließlich von den Blättern der gemeinen Seidenpflanze mit ihrem giftigen Milchsaft. Sollte ein Vogel versehentlich eine solche Raupe verschluckt haben, wird sie wegen dem Giftpotential sofort wieder ausgewürgt. Nach der Verpuppung (*Metamorphose*) wandelt sich die Raupe, die sich zuvor gehäutet hat zu einem Schmetterling.

Nachdem die Falter in Mexiko überwintert haben, beginnen sie im Frühjahr ihre Wanderung in Richtung Nordamerika bis an die Grenze von Kanada, ca. 3500 Kilometer. Wegen der langen Strecke und dem sich dadurch ergebenden Zeitraum, entstehen bis zum Ziel der Wanderung mehrere Generationen Monarchfalter, wobei erst die Urenkel der in Mexiko gestarteten Falter am Ziel ankommen. Auf der Route fliegen sie etappenmäßig alljährig die gleichen Ziele an, wie dies ihre Vorfahren in den Jahren zuvor auch getan hatten. Zur Orientierung nehmen sie sich den Stand der Sonne und das Erdmagnetfeld zur Hilfe. Am nördlichsten Punkt ihrer Reiseroute entsteht die 4. Generation dieser Falter. Hier verteilen sich die Falter auf einer Fläche von ca. 100 Millionen Hektar. Nachdem sich die 4. Generation zum Schmetterling entwickelt hat, tankt diese auf den dortigen Blumenwiesen ihre Kraftreserve auf. Diese 4. Generation Falter fliegt im Herbst die Gesamtstrecke von ca. 3500 Kilometer bis nach Mexiko zurück, ohne sich zwischenzeitlich zu vermehren. Auf dieser Route machen sie auf den gleichen Stellen Rast, wo dies auch ihre Vor-Gänger Generationen beim Rückflug getan hatten. Diese 4. Generation wird viermal so alt, wie deren drei Vorgänger Generationen, diese wurden denen gegenüber nur 3 bis 4 Wochen alt. In der mexikanische Sierra Nevada finden sich die gesamten Monarchfalter, welche in Nordamerika auf 100 Millionen Hektar verteilt waren, auf einer Fläche von 20 Hektar ein.

Nun stand die Frage im Raum, wie diese Schmetterlinge diese Stelle in der mexikanische Sierra Nevada finden, obwohl zuvor noch keiner von ihnen dort war, bzw. diese Route geflogen ist. Gleiches gilt für die anderen Generationen von Schmetterlingen. Woher bekommen sie die notwendige Information, ohne diese sie das erstrebte Ziel nicht finden würden. Die Sonne sowie das Erdmagnetfeld dienen lediglich als Orientierungshilfe.

Hier bleibt nur zu wiederholen, dass die Information selbst im Geistigen beheimatet ist, was wir allgemein unter Information verstehen, sind die Träger der Information. Als

Informationsträger kann jeder Gegenstand herhalten, ein Brief, Schall, diverse Zeichen, elektromagnetische Wellen und dergleichen. All dies kann nur zur Information werden, wenn das was sich auf den Informationsträgern befindet bzw. darstellt auch verstanden wird. Hiermit ist deutlich, dass die Information selbst erst beim Empfänger entsteht, bzw. zustande kommt. Bei uns wird dies zur Information, da wir uns erinnern. Wir erinnern uns an die Bedeutung der Worte, weil wir die Sprache kennen, an das was wir in den übermittelten Bildern erkennen, auch an die diversen Zeichen, wenn es diesbezüglich zuvor eine Absprache gegeben hat. Information selbst lässt sich nicht dinglich, sowie bildlich nach physikalischen Regeln darstellen.

Wenn wir uns im Dialog befinden, ist dies gleichzeitig ein Physikalischer Vorgang. Wie Friedrich und Christian zu berichten wussten, ist es bei der Information mit deren Hilfe die Monarchfalter ihren Weg bzw. Ziel finden anders. Sie greifen dabei auf Information zu, die in ihrem Erbgut hinterlegt ist. Das Information im Geistigen beheimatet ist, wo dem Begriff Zeit keinerlei Bedeutung zukommt, somit es dort kein Davor und Danach gibt, zeigt sich bei einem entsprechenden Doppelspaltversuch der so schon öfter durchgeführt wurde. Schickt man Elektronen zu einer Trennwand mit 2 Spalten (*Doppelspalt*), passieren sie durch ihre Welleneigenschaft beide Spalten gleichzeitig, was sich durch das typische Interferenzmuster auf der dahinter befindlichen Reflexionsfläche zeigt. Werden die Elektronen dabei beobachtet, bleibt bekanntlich das Interferenzmuster aus, da sie sich unter Beobachtung befinden und auf Grund dessen Teilcheneigenschaft annehmen.

Bei einem entsprechenden Doppelspaltversuch wird zunächst blaues (*kurzwelliges*) Licht zur Trennwand mit Doppelspalt geschickt. Mit Hilfe einer Lampe wird zwischen der Trennwand mit Doppelspalt und der Reflexionsfläche nachgeschaut, welchen Spalt die Elektronen passieren. Am Auftreffmuster auf der Reflexionsfläche ist erkennbar, dass die Elektronen dabei nur je einen Spalt passierten, somit durch das beobachtet werden die Teilcheneigenschaft angenommen haben. Wird jedoch rotes (*langwelliges*) Licht zur Trennwand mit Doppelspalt geschickt, dehnt sich dieses Lichtbild aufgrund seiner langwelligen Eigenschaft über beide Spalte aus, sodass nicht eindeutig erkennbar ist, ob die Elektronen je einen bestimmten Spalt, oder gar beide Spalte passiert haben. Durch das Interferenzmuster welches sich hierbei auf der Reflexionsfläche zeigt ist erkennbar, die Elektronen haben die Welleneigenschaft beibehalten, wobei sie je beide Spalte gleichzeitig passierten.

Was sich bei diesem speziellen Doppelspaltversuch zeigt besagt: Die verwendeten Teilchen bei diesen Versuchen hatten von Anfang an Kenntnis vom gesamten Versuchsablauf, sie wussten, dass durch ihre Ausdehnung über beide Spalte ihr Weg nicht zu erkennen sei. Hierbei zeigt sich, Information besteht nicht darin, dass sie sich durch Zugabe von Argumenten (*Impulsen*) aufbaut bzw. vervollständigt, sie existiert als Ganzes. Information ist keine Physikalische Größe.

Bis zu diesem Tag war ich der Auffassung, Geist bzw. Geistiges würde ausschließlich unter den Begriff Religiosität fallen. Auch Einstein, der wie er sagte allenfalls an den Gott Spinozas (*Pantheismus*) glaubte, kam in seinen Darlegungen ohne das Geistige nicht aus.

Nachdem wir so noch über einiges gesprochen hatten, empfand ich, dass die Zeit gekommen sei mich zu verabschieden und meinen Rückweg anzutreten. Dies tat ich dann und nahm den gleichen Weg zurück, auf dem ich gekommen war. Der Rückweg erstreckte sich über vier Kilometer mit einer Steigung von etwas mehr als zweihundert Meter. An der Stelle wo ich auf Stephan getroffen war legte ich eine kurze Rast ein. Ich versuchte nochmals zu verinnerlichen, was ich Neues dabei erfahren hatte. Von hier führte mein Weg mit nur leichtem Anstieg bis hin zum Felsmassiv. Dort stieg ich wieder hinauf, weil ich oben mein Kamerastativ zurückgelassen hatte. Ich hatte es auf dem Plateau zusammen mit dem Büchlein in eine Spalte gelegt.

Mit dem Büchlein in der Hand setzte ich mich wie am frühen Morgen wieder auf die Felskante und blätterte darin. Als ich schließlich zu der Seite mit der schon besagten Grafik kam wirkte sie anders auf mich, wie beim ersten Mal. Gewisse Bereiche dieser Grafik lösten bei mir Erinnerungen aus. Erinnerungen an das, worüber ich mit den Menschen denen ich an jenem Morgen begegnet war gesprochen habe. Zugleich tat sich bei mir zunehmend einiges auf, wofür mir beim Gespräch der Zugang bzw. das Verständnis fehlte.

Als ich wieder diese Grafik mit seinen einzelnen Bereichen, die ineinander überzugehen schienen als Gesamtes betrachtete, fragte ich mich, ob das was ich sehe allein mit dem Wort Kunst zu erklären ist. Wie es fast nicht anders sein konnte, fiel mir hierbei wieder das Zitat von Aristoteles ein: „Das Ganze ist mehr als die Summe seiner Teile.“

So saß ich dort, wobei ich beherzigte was mir Christian mit auf den Weg gab. »Gedanken die dabei sind sich eigenständig zu etwas Konstruktivem zu entwickeln, soll man in der Schwebe belassen und keineswegs unterbrechen. Oft entstehen daraus wertvolle Einsichten, die sich bei einer Störung auflösen und verloren gehen«. Beim Abstieg legte ich das Büchlein wieder so in die Spalte vom Felsmassiv, wie ich es vor Sonnenaufgang dort vorgefunden hatte.

Mein Weltbild, so wie ich es bisher hatte, schien in Bewegung geraten. Was ich erfahren durfte hat mich gleichzeitig neugierig gemacht. Mittels Literatur und anderer Art von Medien verschaffte ich mir weiteren Zugang in diese Thematik. Auch in mir entstand ein Erkenntnisdrang, wie wir es aus dem gleichnamigen Drama von Goethes Faust kennen. Dort wollte Faust wissen, was die Welt im Innersten zusammenhält. Auch die Physiker des neunzehnten und zwanzigsten Jahrhunderts fühlten sich von diesem Erkenntnisdrang ergriffen. Dem gegenüber beherrschte mich die Frage, wie all das Wahrnehmbare geworden ist. Mit der Antwort auf diese Frage müsste gleichzeitig erklärt sein, was die Welt im Innersten zusammenhält.

Mit dem Informationsmaterial aus dem Bereich der Physik, das ich mir verschaffte, zeigte sich das was mir Friedrich und Christian erzählten, bestätigt. Ich bekam den Eindruck, die ganze Thematik immer besser zu verstehen. Zu verstehen wie das alles was wir mit unseren Sinnen wahrnehmen können geworden ist, schien dennoch in weiter Ferne. Wie kann aus dem Nichts ein Stein werden. Zum anderen, wie kann Materie zu einem lebendigen Organismus werden. Bis hierher wusste ich, dass es im Bereich der kleinsten Teilchen andere Gesetze gibt als dort, wo wir etwas mit bloßem Auge sehen können. Um in meiner Frage weiter zu kommen, war ich noch zu fest in der newtonschen Mechanik verfangen. Als ich dann ein Schriftstück, in dem Max Plank zitiert wurde in den Händen hielt, wurde meine Sicht auf die Welt, wie ich sie zu kennen glaubte, eine andere.

Max Plank:
"Meine Herren, als Physiker, der sein ganzes Leben der nüchternen Wissenschaft, der Erforschung der Materie widmete, bin ich sicher von dem Verdacht frei, für einen Schwarmgeist gehalten zu werden.
Und so sage ich nach meinen Erforschungen des Atoms dieses: Es gibt keine Materie an sich. Alle Materie entsteht und besteht nur durch eine Kraft, welche die Atomteilchen in Schwingung bringt und sie zum winzigsten Sonnensystem des Alls zusammenhält.
Da es im ganzen Weltall aber weder eine intelligente Kraft noch eine ewige Kraft gibt, so müssen wir hinter dieser Kraft einen bewussten intelligenten Geist annehmen. Dieser Geist ist der Urgrund aller Materie. Nicht die sichtbare, aber vergängliche Materie ist das Reale, Wahre, Wirkliche, denn die Materie bestünde ohne den Geist überhaupt nicht, sondern der unsichtbare, unsterbliche Geist ist das Wahre!
Da es aber Geist an sich ebenfalls nicht geben kann, sondern jeder Geist einem Wesen zugehört, müssen wir zwingend Geistwesen annehmen. Da aber auch Geistwesen nicht aus sich selber sein können, sondern geschaffen werden müssen, so scheue ich mich nicht, diesen geheimnisvollen Schöpfer ebenso zu benennen, wie ihn alle Kulturvölker der Erde früherer Jahrtausende genannt haben: Gott!

*Damit kommt der Physiker, der sich mit der Materie zu be-
fassen hat, vom Reich des Stoffes in das Reich des Geistes.
Und damit ist unsere Aufgabe zu Ende, und wir müssen unser Forschen weitergeben in die Hände der Philosophie."*

Bisher verstand ich Geist sowie Geistiges so, dass dieses
nur unter dem Begriff Glaube beschrieben werden konnte.
Als ich von Information erfuhr, wie sie sich bei der Quantenverschränkung zeigt, begann meine Vorstellung hierzu
zu bröckeln. Bei der Quantenverschränkung zeigt sich Information als etwas Geistiges, da sie Raum und Zeit igno-
riert. Dennoch, ein Weg vom Geistigen zur Materie schien
mir unüberbrückbar.
Nachdem ich die Worte von Max Planck mehrmals gelesen
hatte, schienen sich durch das was er darin sagte, meine
Gedanken zu weiten, >Phantasie ist die Gabe, unsichtbare
Dinge zu sehen<. (*Jonathan Swift 1667 - 1745*)

Im Anfang war das Wort.

Beim Versuch mir vorzustellen wie aus dem physikalisch zu verstehenden Nichts etwas geworden ist, war ich der biblischen Schöpfungsgeschichte näher als Allem, womit ansonsten die Entstehung der Materie als Theorie beschrieben ist. Diese Aussage mag zunächst etwas verwundern, da diese Geschichte doch ausschließlich auf Glauben zu basieren scheint. Das diese Aussage nicht nur dem Glauben zuzuschreiben ist, lässt sich mit Erkenntnissen der Quantenmechanik begründen. Mehrere Quantenphysiker der ersten Generation teilen die Auffassung, dass sich Religion und Naturwissenschaft nicht im Widerspruch befinden.
Mit der Begründung der klassischen Mechanik gab es für einen Gott in der Naturwissenschaft zunehmend keinen Platz mehr. Diese Auffassung hat sich hauptsächlich in den westlichen Ländern bis heute nicht geändert. Auch beim allgemeinen Weltbild haftet man an dieser Haltung. Isaak Newton selbst, der die klassische Mechanik begründete, vertrat eine gegenteilige Auffassung, so sagte er unter anderem: *„Wer nur halb nachdenkt, der glaubt an keinen Gott, wer aber richtig nachdenkt, der muss an Gott glauben.“*
Die am meisten anerkannte Theorie über die Schöpfung ist die Urknalltheorie. Daneben gibt es Überlegungen, wonach schon immer alles da gewesen sei, sich immer alles im Wandel befunden habe.
Nach dem Kausalitätsprinzip ist die Theorie, dass alles schon immer da war nicht vertretbar, da hierbei ein Ursprung ausgeschlossen ist. Schauen wir die Urknalltheorie an, müssen wir feststellen, dass auch hier die gesamte

Materie bereits vorhanden ist, lediglich auf ein Volumen von 10^{-35} Meter. Hierbei geht es um einen Wert nach der 35. Kommastelle. Zunächst übersteigt das was uns hier vorgeführt wird unsere Vorstellungskraft. Um dennoch eine Vorstellung zu bekommen, welche Größenordnung hierbei angedacht ist, zeigt sich in folgendem Beispiel. Wenn wir uns das Quantenteilchen in dem sich alles befunden haben soll, was später zum Universum geworden sei mit einer Größe von einem Zentimeter vorstellen, so hätte beispielsweise ein Kohlenstoffatom eine Größe, die wir in Lichtjahren angeben müssten. Auch wenn hier die Größe des Anfangs auf ein physikalisches Minimum reduziert wurde, kann diese Theorie dem Anspruch, dass alles aus dem Physikalischen Nichts entstanden sei nicht gerecht werden. Zudem ist bei der Urknalltheorie die Möglichkeit offengehalten, nach der es zuvor ein Universum gegeben habe, wobei dieses zu der angegebenen Größe von 10^{-35} Meter zusammengestürzt sei. Damit wäre der eigentliche Beginn der Materie nur weiter zurück in die Vergangenheit verschoben, jedoch nicht erklärt.

Wenn wir dem hier festgestellten Rechnung tragen, stehen wir bezüglich einer Beschreibung zur Entstehung von Materie wieder ganz am Anfang. Doch ist damit nicht gesagt, dass wir ohne jeglichen Anhaltspunkt an diese Frage herangehen müssen.

Möchte man sich einen Zustand ohne Materie vorstellen, falls dieses mit menschlichem Denken möglich sein sollte, stellt man sich zunächst ein absolutes Nichts vor. Man könnte es sich so vorstellen, als wolle man eine Zeichnung beschreiben, die mit einem weißen Stift auf weißem Grund aufgetragen wurde. Anders ist es, wenn ich mir eine kreisförmige Fläche in anderer Farbe auf diesem weißen Untergrund vorstelle. Dann ist dieser in meinen Gedanken bereits vorhanden, obwohl sich physikalisch noch nichts getan hat. Bei der Entstehung von Materie; sprich Elementarteilchen darf man sich zum verstehen solche Beispiele heranziehen. Wie bereits erwähnt sagte Werner Heisenberg, die Basis der Elementarteilchen sei die Form, in die sich die Energie begeben müsse um Materie zu werden. In diesem Zusammenhang darf man sich keine Form vorstellen die konstruiert und dann irgendwie mit Energie befüllt wird. Das man um eine Form zu bekommen diese nicht immer konstruieren muss, soll folgendes Beispiel zeigen. Die einfachste zweidimensionale Form ist wohl ein Kreis. Bindet man beispielsweise eine Ziege mit einer längenmäßig entsprechenden Leine an einen Pfahl auf eine Wiese, so erhält man ohne weiteres Zutun eine nach Maßvorstellung entsprechende kreisförmig abgeweidete Grasfläche. Hier ist diese Form durch die Leine in Verbindung mit dem Pfahl vorgegeben. Die Leine dürfen wir uns hierbei als die Information vorstellen.

Bei der kleinsten Form von Materie, den Elementarteilchen, befindet sich die Information zu deren Form in der von Werner Heisenberg besagten Energie, wobei wieder anzumerken ist, dass Materie und Energie äquivalent (*gleichwertig*) sind. Um uns zu der Entstehung dieser Energie / Materie etwas vorstellen zu können, ist es hilfreich auf Carl Friedrich von Weizäcker zurückzukommen. Er sah wie schon beschrieben in zweidimensionalen Informationsstrukturen die kleinsten Strukturen der Materie. Hierbei möchte ich persönlich anmerken, dass ich dem nicht widersprechen kann, zudem hierzu einer Person wie Carl

Friedrich von Weizäcker schon gar nicht. Ob man auf dieser untersten Stufe, wo Materie beginnt schon von einer bestimmten Struktur sprechen kann, dessen bin ich mir keineswegs sicher. Ich habe mich entschlossen diese Frage zu umgehen, jedoch im Sinne von Carl Friedrich von Weizäcker daran festhalten, dass wir uns hier im Geistigen Bereich befinden. Dabei komme ich nicht um die Frage herum, wie durch Geist bzw. Geistiges - Energie; sprich Materie werden kann. Um diesem auf den Grund zu gehen, kommt man mit Methoden wie sie in der Wissenschaft angewendet werden auf direktem Weg nicht weiter. Es hatte wohl seine Gründe, weshalb Max Planck zu dieser Thematik sagte: .... *und wir müssen unser Forschen weitergeben in die Hände der Philosophie*."

Ob dabei ein aus allgemeiner Sicht betrachtet, kompliziertes philosophisches Gedankenkonstrukt weiterhelfen kann, darf angezweifelt werden. Oft helfen zu Problemlösungen gewisse alltägliche Beobachtungen.

Die Erkenntnis ist nicht neu, wonach jemand eine Ahnung verspürt, wenn beispielsweise ein ihm naher Angehöriger ein gravierendes Ereignis durchlebt. Bei der Person welche das Ereignis durchlebt, kommt es folglich zu einer Hirntätigkeit, wobei sich Hirnstromwellen bilden. Diese Hirnstromwellen sind von solch niedriger Energie, dass diese nicht ausreicht um die Schädeldecke zu verlassen. Damit ist ausgeschlossen, dass durch physikalische Einwirkung diese sogenannte Ahnung ausgelöst wird. Da es dennoch zu einer Informationsübertragung zwischen beiden Personen kommt, spricht man auch hier von Verschränkung. Auch Versuche haben dies bestätigt, wobei sich dies ebenfalls ohne zeitliche Verzögerung vollzieht. Dabei geschieht etwas auf geistiger Ebene. Damit die zweite Person eine Ahnung bekommen kann, muss sich bei ihr etwas bewegen. Dieses Bewegen bedarf einer Energie, die im Quantenbereich angesiedelt ist. Somit kann man sagen, dass Geist etwas bewegt, kann Energie erzeugen.

Als weiteres Beispiel kann das hier schon beschriebene Wünschelrutenphänomen angeführt werden. Bekanntlich haftet diesem Phänomen ein fraglicher Ruf an. Dieser Ruf richtet sich hauptsächlich nicht gegen das Wünschelrutenphänomen selbst, vielmehr gegen das was durch dieses Phänomen aufgezeigt werden soll. Hierbei gilt es nur, dass Wünschelrutenphänomen selbst in Betracht zu nehmen, und das was daraus abzuleiten ist. Benutzt ein Rutengänger eine klassische Wünschelrute aus beispielsweiser Weide, kann er diese je nach Stärke in Aktion kaum halten. Die Rute dreht sich nach oben, wobei ein Geräusch darauf schließt, dass auf die Fasern der Rute Gewalt einwirkt. Schaut man dem Rutengänger genau auf dessen Finger, stellt man unschwer fest, dass hier von Manipulation keine Rede sein kann. Da keine Krafteinwirkung von außen feststellbar ist, muss diese in der Rute selbst zustande kommen. Die Wünschelrute steht in Verbindung mit dem Rutengänger und zu dem, was sie lokalisiert. Die Information manifestiert sich in der Wünschelrute, da durch sie bzw. aus ihr Energie zustande kommt.

Es sei erneut der Bezug zwischen Geist, dem Geistigen und der Materie - Energie dargelegt. Durch das Wirken der Information sind der Aufbau sowie die Eigenschaften der Elementarteilchen bestimmt. Mit dem Aufbau ist gleichzeitig die Form festgelegt. Ein Energiequantum ohne Struktur usw. wäre nicht denkbar, käme so keine Materie zustande.

Aus den Elementarteilchen setzen sich die Atome bzw. die jeweiligen chemischen Elemente zusammen. Was hier noch zu Atomen zu sagen wäre, ist ihr Aufbau in Bezug zu dessen Gesetzmäßigkeiten. Wie bereits erwähnt, bestehen Atome je aus einem Kern und einer Hülle. Die Atomkerne bestehen aus Protonen und Neutronen. Die Protonen sind positiv geladen, die Neutronen haben keine Ladung. Die Atomhüllen bestehen aus Elektronen, sie sind negativ geladen.

Die chemischen Elemente unterscheiden sich durch ihren Aufbau. Das leichteste Element ist Wasserstoff. Das Wasserstoff Atom besteht aus einem Proton als Atomkern und einem Elektron als Atomhülle. Das schwerste Element ist Uran. Das Uran Atom besteht aus 92 Protonen und 146 Neutronen im Kern, dazu 92 Elektronen in deren Hüllen.

Die Anzahl von Protonen und Elektronen in einem Atom ist immer gleich. Diese Anzahl ist auch die Ordnungszahl des betreffenden chemischen Elements. So hat Wasserstoff die Ordnungszahl 1 und Uran die Ordnungszahl 92.

Die Elektronen kann man sich als eine kugelförmige Hülle vorstellen. Die meisten Atome besitzen mehrere dieser Hüllen, die übereinander angeordnet sind. Das Ganze wird durch Niels Bohr; Schalenmodell genannt.

Diese sogenannten Schalen sind je nach Element unterschiedlich mit Elektronen bestückt, soweit man hierfür das Wort bestückt anwenden kann. Die erste Schale vom Atomkern aus betrachtet ist die „K" Schale, sie lässt bis zu 2 Elektronen zu. Darüber liegt die „L" Schale, diese lässt 8 Elektronen zu. Darüber die „M" Schale mit 18 Elektronen, die „N" Schale mit 32 Elektronen und die „O" Schale mit 50 Elektronen.

Die Schalen werden mit steigender Elektronenzahl von innen nach außen bestückt. Ist die Höchstzahl von Elektronen erreicht, bildet sich die nächst anstehende Schale.

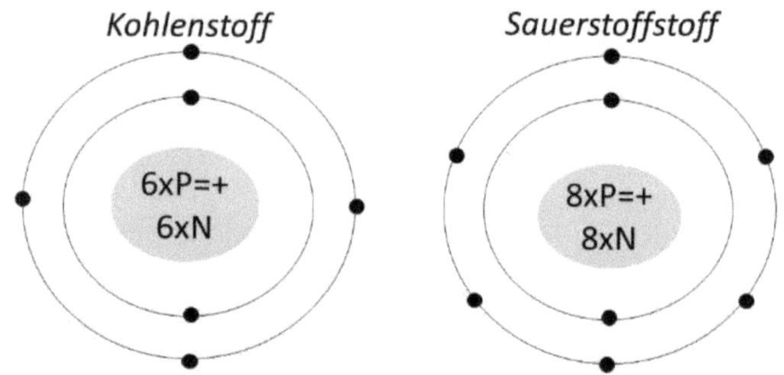

Beispiel:

Das Kleinste Atom; Wasserstoff enthält im Kern ein Proton und 1 Elektron als Schale.

Das Kohlenstoff Atom enthält 6 Protonen und 6 Neutronen als Kern. Die „K" Schale ist mit 2 Elektronen vollständig und die darüberliegende „L" Schale bildet sich aus 4 Elektronen.

Das Sauerstoff Atom enthält 8 Protonen und 8 Neutronen als Kern. Die „K" Schale ist mit 2 Elektronen vollständig und die darüberliegende „L" Schale bildet sich aus 6 Elektronen.

Wie bereits erwähnt, ist die Anzahl von Protonen und Elektronen im Atom mit dessen Ordnungszahl definiert. Die Anzahl von Neutronen weicht bei verschiedenen Elementen von deren Atom Ordnungszahl ab. Die Anzahl von Neutronen lässt sich leicht anhand der atomaren Masse in „u" definiert leicht berechnen. „u" ist der Anteil von einem Kilogramm in eine Quadrilliarde aufgeteilt, eine 1 mit 29

Nullen. Dabei wird die Anzahl der Protonen (*Ordnungszahl*) von der atomaren Masse „u" subtrahiert.

Dies sei hier durch ein paar Beispiele aufgezeigt.

Atom Art	*Masse "u"*	*minus Ordnungszahl*	*Ergebnis = Anzahl Neutronen*
Wasserstoff	*1*	*1*	*0*
Sauerstoff	*16*	*8*	*8*
Kalium	*39*	*19*	*20*
Uran	*238*	*92*	*146*

Alles was wir an Materie kennen, wie Gas, Wasser, Fleisch, Steine, Metalle, alles besteht aus den gleichen atomaren Elementarteilchen: Protonen, Neutronen und Elektronen.

Elektronen:

Die Quantenphysiker der ersten Generation waren zunächst der Auffassung, die Elektronen würden mit enormer Geschwindigkeit die Atome umkreisen, gleich den Planeten, welche die Sonne umkreisen. Auch der Quantenphysiker Niels Bohr vertrat zunächst diese Auffassung. Der damals junge Werner Heisenberg vertrat dabei die Auffassung, wenn dem so sei, müssten die Elektronen zwangsläufig in den Atomkern hineinstürzen. Durch Vermittlung durch Arno Sommerfeld, der an der Ludwig-Maximilians-Universität in München lehrte, lernte Werner Heisenberg den Atomphysiker Niels Bohr in Göttingen kennen. Der legendäre Spaziergang mit Bohr hatte enormen Einfluss auf Heisenbergs spätere wissenschaftliche Laufbahn.

Nach der Theorie bezüglich der Vereinheitlichung des Welle-Teilchen-Dualismus, wobei Beides zueinander kompatibel sei, fiel es leichter die Elektronenschalen als aus den Elektronen gebildete Hüllen zu sehen, in denen den Elektronen keinen punktuellen Ort zugewiesen ist. Dieser wird erst bestimmt, indem man nachschaut (*Vergleich Doppelspaltexperiment*).

Diese Elektronenschalen Hülle kann man sich vorstellen als eine Art Atmosphäre (*griechisch atmós, Dunst*). Sowie sich in der Erdatmosphäre verschiedene Gase gleichzeitig befinden, befinden sich ohne Ortsbestimmung die Elektronen ohne punktuelle Ortsbestimmung zugleich in den Elektronenschalen der Atome. Damit wird auch nachvollziehbar, weshalb die Elektronen nicht in den Atomkern stürzen. Zum Verständnis stellen wir uns das Atom zweidimensional vor. Nehmen wir die Hälfte des Atoms zur Ansicht, stellt die Elektronenschale ein Halbkreis den wir uns als Gewölbe vorstellen können dar, wobei die Elektronenschale selbst als tragendes Teil zu verstehen ist. Dadurch, dass sich die positiv geladenen Protonen und die negativ geladenen Elektronen gegenseitig anziehen, ist diese Kraft als Druck auf das hier verstandene aus Elektronen bestehende Gewölbe zu betrachten, wobei sich das veranschaulichte Gewölbe je nach Druck entsprechend stabilisiert.

Hierbei zeigt sich am Atom eine weitere Kausalität. Je mehr Elektronenschalen ein Atom besitzt, desto kleiner wird durch die Krafteinwirkung auf die Elektronenschalen das Atom in seiner Struktur. Dies liegt daran, weil das veranschaulichte Gewölbe aus Elektronen sich bis zu einem gewissen Grad zusammendrücken lässt.

Führt man einem Atom Energie zu, ändert sich dessen Struktur, indem sich die Elektronenschalen weiten. Das Elektron nimmt Energie nicht kontinuierlich auf, sondern gequantelt. (*beispielsweise als kleine Päckchen*). Folglich vergrößert sich die Elektronenschale nicht kontinuierlich, sondern die Elektronen gelangen sprungartig zur nächst höheren Ebene. Dieser Vorgang wird mit Quantensprung bezeichnet.

Moleküle:

Für Atome macht es wenig Sinn allein zu sein. Bestimmte Atome können sich zu Molekülen verbinden. Die meisten Moleküle bestehen aus unterschiedlichen Atomen. Eines haben die Moleküle gemeinsam, sie verbinden sich nur zu Molekülen, wenn ihre Außenhülle in Bezug Elektronen vollständig ist, d. h. höchstmögliche Anzahl Elektronen in den Außenschalen.

Wassermolekül H2O

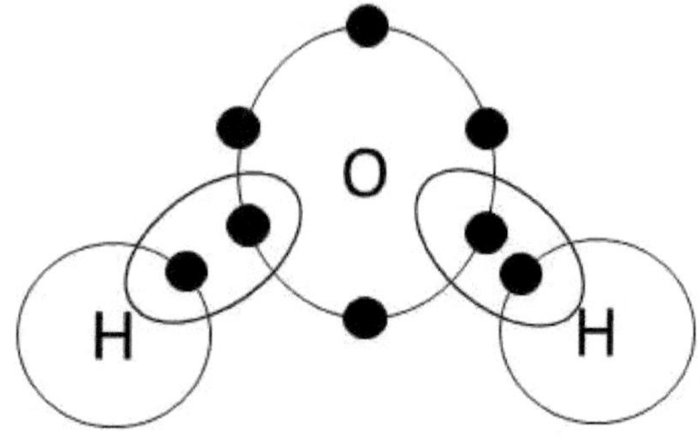

Als erstes Beispiel nehmen wir das Wassermolekül mit der chemischen Formel H2O. Es bildet sich aus 2 Wasserstoff Atomen mit der chemischen Bezeichnung „H" (*lateinisch Hydrogenium – Wasserbildner*) und einem Sauerstoff Atom mit der chemischen Bezeichnung „O" (*griechisch Oxygenium - Säurebildner*).

Jedes der beiden Wasserstoff Atome teilt sich mit dem Sauerstoff Atom 2 Elektronen. Damit sind deren K Schalen als Außen Schale mit je 2 Elektronen vollständig.

Zugleich ist hiermit die L Schale des Sauerstoff Atoms als Außen Schale mit seinen 4 Elektronen und den gemeinsamen 2 Elektronenpaaren vollständig.

Kohlenstoffmolekül CO2

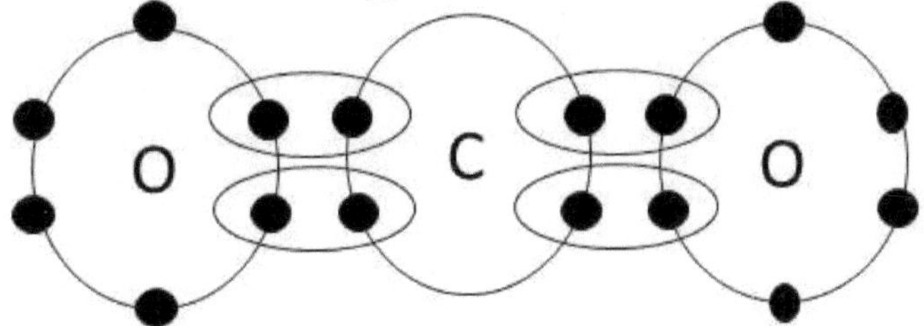

2. Beispiel:

Systemgleiches geschieht beim Kohlenstoffmolekül mit der chemischen Formel CO2. Es bildet sich aus einem Kohlenstoff Atom mit der chemischen Bezeichnung „C" (*lateinisch Carbō bzw. Carboneum - Holzkohle*) und 2 Sauerstoff Atomen mit der chemischen Bezeichnung „O"). Das Kohlenstoff Atom (*in der Mitte*) teilt sich mit jedem der beiden Sauerstoff Atomen 2 Elektronenpaare. Damit ist die L Schale des Kohlenstoff Atoms als Außen Schale mit den vorhandenen 4 Elektronenpaaren; zusammen 8 Elektronen vollständig. Ebenso sind die L Schalen der beiden Sauerstoff Atome als Außen Schalen mit ihren 4 Elektronen und den je 2 gemeinsamen Elektronenpaaren vollständig.

Wie schon beschrieben, werden Kohlenstoffmoleküle beispielsweise in den Blättern der Bäume gespalten. Der Kohlenstoff wird dann als Aufbaustoff und Energiereserve verwendet, der Sauerstoff in die Umluft freigegeben.

Der Aufbau der Materie beruht in einer bestimmten Ordnung. Diese Ordnung entstammt dem, durch welches die Materie geworden ist, Geist der mit Information schöpferisch eingreift. Werner Heisenberg nannte das hier mit Geist bezeichnete: „Zentrale Ordnung." Hans – Peter Dürr bezeichnete den Geist als die treibende Kraft. Er sagte, wenn wir bei der Materie ganz nach innen schauen, stoßen wir letztendlich auf ein Nichts.

Hans Peter Dürr, Professor; mehrmals im Direktorium des Max-Planck-Instituts für Physik, war sich bewusst, dass diese Aussage einer Mathematischen Begründung nicht entsprechen kann. Teilt man etwas fortwährend mathematisch, mehren sich fortwährend die Nachkommastellen, dies kann aber nie zum Ergebnis Null führen. Hans Peter Dürr begründete Materie mit: „Geronnener Geist." Wenn dem so ist, ist die Entstehung der Materie nicht physikalisch zu beschreiben. Diese These vertrat auch Max Planck indem er sagte: *„Und damit ist unsere Aufgabe zu Ende, und wir müssen unser Forschen weitergeben in die Hände der Philosophie."*

Wenn das Wort Welt genannt wird, kann man aufgrund dieses Wortes allein nicht mit Bestimmtheit sagen was gemeint ist. Zum einen wird die Erde mit dem was sich auf ihr befindet als Welt bezeichnet. Zum anderen kann mit dieser Bezeichnung das gesamte Universum gemeint sein. Sprechen wir vom Universum, sprechen wir sozusagen von allem, was aus Materie strukturell zusammengefügt ist.

Um von einer stabilen Materie sprechen zu können, darf man erst bei den Atomen beginnen. Laut der Urknalltheorie haben sich die Atome 300.000 bis 400.000 Jahre nach dem eigentlichen Urknall gebildet. Bei der Urknalltheorie ist bekanntlich das Wesentliche offengelassen. Sie lässt offen wie aus dem absoluten Nichts Materie geworden ist.

Das kleinste Atom ist bekanntlich das Wasserstoffatom, bestehend aus einem Proton und entsprechend aus einem Elektron. Wenn dem so ist, dass alles mit Wirkung von Geist begonnen hat, ist davon auszugehen, dass die Zusammengehörigkeit von Teilchen mit deren Strukturvorgaben als Information bei der Entstehung derer mit in diese eingegeben wurden. Es spricht fast alles dafür, dass die Vielfalt der Atome (*Chemische Elemente*) beginnend aus Wasserstoff heraus, durch Fusion wie es in der Sonne geschieht entstanden ist.

Spätestens mit der ersten Fusion ist die Materie in Bewegung geraten. Da hierbei auch gravitative Kräfte am Werk sind, entstehen dabei zwangsläufig kreiselnde Bewegungen. Für eine eigene Vorstellung, kann man sich auch hier mit alltäglichen Beobachtungen weiterhelfen. Beim Ablassen von Wasser aus beispielsweise einem Spülbecken, entsteht der Strudel zwangsläufig mit kreiselnder Bewegung. Ein anderes Beispiel kann man im Herbst an unterschiedlichen Orten beobachten. Bei mir ist es eine eigentlich windgeschützte Stelle vor der Garage, neben dem Haus. Wenn im Herbst der Wind aufkommt, schaut es aus, als ob sich alle vertrockneten Blätter von der Heimbuchenhecke an der besagten Stelle versammeln. Zunächst ist noch keine genaue Struktur erkennbar. Mit etwas Phantasie ergibt es ein Bild, als seien die Blätter Kinder, die sich hinterherlaufen. Mit der Zeit treffen immer mehr Blätter an dieser Stelle ein. Die gesamten Blätter drehen sich dann durch den dort kreisenden Wind, wodurch das Muster aus Blättern mit einer Galaxie vergleichbar ist. Ist irgendwann Windstille eingekehrt, befindet sich das gesamte Blattwerk auf einer Stelle. Diese Stelle ist nach der Windstille jedes Jahr die Gleiche. So brauch ich die Blätter nie über die ganze Fläche zusammenfegen, ich kann sie gleich an der besagten Stelle einsammeln.

Auch mit Hilfe solcher Beobachtungen und anderen Erkenntnissen, kann man sich das Entstehen der Galaxien und letztendlich des Universums vorstellen.

Durch aufkommende Energie gerät Materie in Bewegung. Es bilden sich Inseln. Mit solchen Inseln ist die Entstehung von Galaxien mit den in ihnen befindlichen Sonnensystemen vorstellbar. Aus der größten Ansammlung und Verdichtung von Materie in einer Galaxie, bildet sich ein schwarzes Loch. Da ein schwarzes Loch an Energie und Masse dominiert, nimmt es in der Galaxie die Mitte ein. Damit bestimmt es auch mit seiner Drehrichtung die Drehung der Galaxie. Fast jede Galaxie besitzt ein solches schwarzes Loch. Um und in einem schwarzen Loch existiert enorme Bewegung. Was das schwarze Loch durch seine enorme Gravitationsgraft und dem damit ausgelösten Prozess in sich hineinzieht, wird zunächst durch die Einzugskraft nach Länge zerrissen und dann verdichtet. Dabei entstehen chemische Elemente auf höherer Ebene, Atome mit höherer Protonenzahl usw. wobei seitlich Strahlung und Materie ausgeworfen werden. Alles was sich dem im Weg befindet hat keine Chance so weiter zu bestehen. Die Gravitationskraft der schwarzen Löcher ist dermaßen enorm, sodass aus deren Bereich sogar das Licht nicht mehr entweichen kann. Hiermit kann man sich vorstellen, wie die Vielfalt der chemischen Elemente entstanden ist.

Zunächst, so ist anzunehmen, muss sich Materie egal in welcher Konstellation ungeordnet in Bewegung befunden haben. Durch Gravitation hat dabei Materie zusammengefunden wobei sich Planeten bilden konnten. Dazu ist anzumerken, dass die Gravitation sich als die schwächste Kraft im gesamten Universum zeigt. Wie hier beschrieben, wird wohl auch die Erde auf der wir leben entstanden sein. Planeten bewegen sich aufgrund von Gravitation um einen Stern. Das Zusammenspiel von Gravitation und Zentrifugalkraft verhindert, dass Planeten in ihre Sonne hineinstürzen oder sich ins Unendliche davonbewegen. Dieses als Einheit wird als Sonnensystem bezeichnet. Je weiter ein Planet von seiner Sonne entfernt ist, je geringer ist die Anzahl der Umrundungen um diese. Dabei haben benachbarte Planeten bezüglich ihrer Umlaufbahn zunehmend Einfluss aufeinander, je weiter sie von ihrer Sonne entfernt sind. Auf Grund dessen stellen sich die Umlaufbahnen ellipsenförmig dar.

Dazu kommt, dass die meisten Planeten Monde mit sich führen. Monde, so werden Himmelskörper bzw. Trabanten (*Begleiter*) genannt, welche die Planeten in Umlaufbahn um sich selbst mit sich führen. Die meisten Monde in unserem Sonnensystem führt der Planet Jupiter mit sich.

Es ist kaum vorstellbar, dass unsere Heimatgalaxie, die Milchstraße sich aus 100 Milliarden Sonnensystemen wie unserem zusammensetzt. Des Weiteren befinden sich in unserem Universum 100 Milliarden Galaxien, ähnlich unserer Milchstraße.

Die Urknalltheorie wurde bekanntlich aufgrund des Expandierens des Universums aufgestellt. Hierbei ist das Zustandekommen der Materie ausgelassen, lediglich vage beschrieben, wie sie zu ihrer jetzigen Form gekommen sein soll. Dabei bin ich eher bei der These von Hans Peter Dürr, der von geronnenem Geist sprach. Die unterste Stufe der Materie beschrieb er als ein Beziehungsgefüge, dieses Gefüge selbst sei jedoch noch nicht Materie. Die Expansion des Universums sehe ich wie Jakob der Schäfer. Dies besagt, dass die Ausdehnung des Universums dessen überschüssigen Zentrifugalkraft geschuldet ist. Es ist anzunehmen, dass sich nicht nur Galaxien, sondern auch das gesamte Universum in Rotation befindet und dabei die Zentrifugalkraft gegenüber der Gravitation dominiert, wie dies auch zwischen Erde und Mond der Fall ist. Umgerechnet, entfernt sich der Mond 0.000.000.001.210.485 Meter pro Sekunde von der Erde weg. Der Radius des Universums ist um das 339.638.557.767.798.482-fache größer als der Radius der Umlaufbahn des Mondes um die Erde. Multipliziert man diese Zahl mit der Entfernungsgeschwindigkeit des Mondes von der Erde, würde sich im Ergebnis bei gleichem Radius der Mond um das 1,37-fache schneller von der Erde entfernen, als die Expansionsgeschwindigkeit am Rand des sichtbaren Universums. Führt man sich hierbei den 18-stelligen Multiplikator, Radius Mondumlaufbahn um die Erde zum Radius-sichtbares Universum vor Augen, ist die Differenz geradezu mit Null zu beziffern.

Die hier dargelegte Hypothese des Expandierens des Universums durch überschüssige Zentrifugalkraft gegenüber der Gravitation wird durch Beobachtungen untermauert, wonach sich das Universum nicht kugelförmig, sondern flach, gleich den Galaxien darstellt. Gemäß der Urknalltheorie müsste das Universum die Form einer Kugel angenommen haben.

Aufgrund dessen, dass sich die Galaxien mit zunehmender Entfernung schneller voneinander entfernen, wurde in das Universum dunkele Energie sowie dunkle Materie hineininterpretiert. Mit der überschüssigen Zentrifugalkraft als Grund für die Expansion des Universums, ist ein Hineininterpretieren von dunkler Energie und Materie überflüssig. Im Gesamten Universum befinden sich nach wissenschaftlicher Erkenntnis 10 Trilliarden Sonnen mit ihren Planeten. Die benennende Zahl ist eine Eins mit 22 Nullen. Nach einer Schätzung zur Masse der gesamten Himmelskörper wäre es möglich, die daraus resultierende Energie nach der Einstein'schen-Formel: > $E=mc^2$ < zu berechnen. Dieses Ergebnis würde lediglich nur eine Zahlenspielerei darstellen, da man sich aufgrund des gewaltigen Ergebnisses eigentlich nichts vorstellen könnte.

Allein aus diesen Gedanken heraus fällt es schwer sich vorzustellen, dass sich die Entstehung der Materie in einem einzigen Schöpfungsakt bzw. aus einem einzigen Impuls heraus vollzog. Für die Vorstellung, dass sich die Materie durch in Gang gekommene bzw. gebrachte Abläufe zunehmend gebildet hat spricht etwas, welches im geistigen beheimatet ist und wir Vernunft nennen. Wenn dem so sei, sind die 13,8 Milliarden Jahre seit der Entstehung der Welt ebenso wenig wirklichkeitsnahe, wie wir es auch von der griechischen Mythologie annehmen.

Ob wir die uns umgebende Natur betrachten, oder weit in das Universum schauen, überall scheinen die gleichen Naturgesetze zu gelten. Ohne die daraus resultierende Verlässlichkeit gäbe es auch nicht das Maß an Beständigkeit, auf die wir angewiesen sind. Das Beständige hat für uns die gleiche Bedeutung wie Selbstverständlichkeit.

Wir sehen, dass morgens die Sonne aufgeht und denken nicht weiter darüber nach. Wir sind uns sicher, dass dies darüber hinaus auch so sein wird. Das Jahr verläuft im Rhythmus: Frühling, Sommer, Herbst und Winter, Wir sind uns sicher, dass dieser Rhythmus sich nicht ändern wird. Gäbe es nicht überall das gleiche Gravitationsgesetz, hätten wir nicht diese stabile Welt. Würde der Mond mit der Erde gravitativ nicht wechselwirken, würde der Mond nur die Sonne und nicht gleichzeitig die Erde als Trabant mit umrunden. Die Erde wäre dann nicht das Gleiche, was sie jetzt ist. Die Erde umrundet die Sonne mit einem Neigungswinkel von ca. $23,5°$ wobei sie sich bei einer Umrundung 365,25-mal um ihre eigene Achse dreht. Die Erde besäße nicht diese stabile Ausrichtung zur Sonne, womit der stabile Rhythmus: Frühling, Sommer, Herbst und Winter mit dessen Auswirkungen für die Natur gesichert ist. Die Gezeiten wie wir sie kennen und erleben, würden nicht auftreten. Durch dieses Ausbleiben würde beispielsweis das Ökosystem Wattenmeer ebenfalls nicht existieren.

Verlässlichkeit und Beständigkeit bedingen einander. Diese Beiden garantieren Stabilität, worauf die Natur aufgebaut ist.

Diese Verlässlichkeit und Stabilität scheint es nur im Makroskopischen zu geben. Schauen wir aber hinunter in die Tiefste Ebene der Schöpfung, scheint das Gegenteil vorzuherrschen. Als Beispiel bietet sich das radioaktive Teilchen an. Dieses Teilchen ist darauf angelegt irgendwann zu zerfallen. Normalerweise müsste hier das Wort „irgendwann" fehl am Platz sein. Eine Vorhersage dafür, wann dieses Teilchen zerfällt ist nicht möglich. Dieser Moment kann sowohl in der nächsten Minute, wie auch in Hunderttausenden von Jahren sein. Den Zerfall von Radioaktiven Elementen kann man nur im Mittel vorhersagen.

Ein zweites Beispiel ist, wenn wir eine Kugel auf ein gewisses Ziel schießen. Schießen wir danach eine zweite Kugel nach dort, trifft diese Kugel an gleicher Stelle auf, sofern die Vorbedingungen die gleichen sind.

Tun wir das Gleiche mit Elementarteilchen oder Atomen wie hier schon einmal beschrieben, treffen diese trotz gleicher Vorbedingung an unterschiedlichen Stellen auf einer Projektionsfläche auf. Bei einem entsprechenden Versuch mit einer Vielzahl von Elementarteilchen oder Atomen und dessen Wiederholung unter gleichen Bedingungen, erhalten wir exakt den gleichen Wert im Mittel.

Mit Recht stellt sich hier die Frage, was dies mit Stabilität und Verlässlichkeit zu tun haben soll. Warum zeigt sich die Materie im Kleinen anders als in dem Bereich, den wir mit bloßem Auge sehen können? Es ist eine Tatsache, dass das

was wir als Zufall verstehen, in der Quantenphysik mit integriert ist. Um hierbei zu einem Verständnis zu gelangen, sei wiederholt was Max Plank u. A. über Materie gesagt hat: *„Da es im ganzen Weltall aber weder eine intelligente Kraft noch eine ewige Kraft gibt, so müssen wir hinter dieser Kraft einen bewussten intelligenten Geist annehmen. Dieser Geist ist der Urgrund aller Materie."*
Dies sagt uns, dass wir nicht nach dem Wie fragen, sondern warum der Zufall im Quantenbereich relevant ist.

Obwohl uns eine Antwort darauf in weiter Ferne erscheint, haben wir die Möglichkeit aufgrund bereits erlangter Erkenntnisse uns eine Vorstellung aufzubauen, warum dies so sein könnte. Wie das Ergebnis einer solchen Vorstellung zu dieser Frage ausschauen kann, soll folgendes erdachte Beispiel zeigen.

Auf einem Fußweg der von einem Wasserlauf durchquert wird, soll an der betreffenden Stelle ein Übergang geschaffen werden. Geplant ist ein Übergang, bei dem ein etwas breiterer Holzbohlen als eigentlicher Übergang dienen soll. Nach einer entsprechenden Berechnung ist festgelegt, dass sich maximal 7 Personen mit einem bestimmten Maximalgewicht gleichzeitig auf diesem Übergang befinden dürfen. Bei einer Fußgängergruppe ist zu beobachten, dass sich deren Schritte nach zeitlichem Takt als rein zufällig darstellen. Hiernach müsste auch die Tragkraft mit der Berechnung übereinstimmen. Anders ist es, wenn eine Wandergruppe mit der Maximalzahl an Personen, mit ebenfalls Maximalgewicht gleichzeitig in Gleichschritt auf dem Übergang den Wasserlauf überqueren. Mit dem Takt deren Schritte gerät der Holzbohlen in Schwingung. Auf Grund

dessen wird am Höhepunkt der Schwingungen die Tragkraft des Holz-Bohlens überschritten, wobei er bricht.

An diesem Beispiel zeigt sich deutlich, warum der Zufall
in der Natur im wahrsten Sinne des Wortes von tragender
Bedeutung ist. Der Natur ist es gleich, ob wir ein Problem
mit der Determinierung der Natur haben. Man könnte auch
argumentieren, bei der Konstruktion des hier im Beispiel
dargestellten Übergangs wäre es möglich durch stärkeres
Material eine höhere Toleranz mit einzubauen. Dazu bleibt
zu sagen: Dieses würde einen gewissen Mehraufwand er-
forderlich machen. Wenn sichergestellt werden kann, dass
sich an die Vorgaben gehalten wird, darf der Mehraufwand
als Verschwendung angesehen werden. Von der Natur wissen wir, dass sie sich außer einer Ausnahme keineswegs
verschwenderisch zeigt. Da die Natur verlässlich ist, sind
in ihr keine Zusatz Toleranzen von Nöten.

Lebendige Materie, Leben.

Eine der Möglichkeiten wie Leben entstanden sein könnte, schreibt man heutzutage dem Zufall zu. Dabei sollen entsprechende Moleküle bzw. Aminosäuren zusammengefunden haben, die sich in günstigem Umfeld zu belebter Materie entwickelten. Wie aus einer Urform belebter Materie das geworden sein soll, was uns an Lebewesen täglich begegnet, versucht man damit zu erklären, was unter dem Begriff Evolution beschrieben ist. Damit ist in Bezug zur eigentlichen Frage nichts erklärt. Das Wort Evolution kommt vom lateinischen Wort evolvere, was etwa; mit entwickeln übersetzt werden kann. Hiermit sind wir erklärungsmäßig dort, wo wir uns auch bei dem Wort Urknall befinden. Bei dem, was mit den Worten Urknall und Evolution gemeint ist war das Eigentliche worauf es ankommt, schon existent. Sprechen wir vom Leben, weiß jeder was gemeint ist. Bei der Frage was Leben ist, weichen wir auf Worte wie: Lebendig oder am Leben aus. Ein Wort welches man mit Leben in einer bestimmten Hinsicht vergleichen kann, ist das Wort Liebe. Ich bin mit dem moselfränkischen Dialekt aufgewachsen. In diesem Dialekt existiert das Wort Liebe nicht. Das was mit dem hochdeutschen Begriff Liebe gemeint ist, wird im moselfränkischen lediglich umschrieben. Leben ist wie Liebe, nicht von Substanz. So kann man zunächst was mit Leben gemeint ist nur umschreiben.

Was die Liebe angeht: Im 1. Korinther 13:4-5 ist sie detailliert beschrieben. Niemand der Liebe erfahren hat wird sagen, dass es sie nicht gibt. So wird auch niemand sagen können, dass es das Leben nicht gibt.

Leben ist wie Liebe und Seele, im Geistigen beheimatet. Da Leben, Liebe und Seele physikalisch nicht feststellbar sind, sind diese der Realität nicht zuzurechnen. Da sie sich im geistigen Bereich befinden, sind sie der Wirklichkeit, die mehr als Realität umfasst zuzurechnen und dem entsprechend zu beschreiben.

Das eine gewisse Ansammlung von Materieteilchen in günstiger Konstellation durch Zufall zusammengefunden haben und dabei Leben entstanden sein soll, ist aus gewissen Überlegungen heraus höchst unwahrscheinlich. Wenn man sich beispielsweise eine gewisse Gerätschaft vor Augen führt, weiß man, dass ihre Funktion von bestimmten Voraussetzungen abhängig ist. Führ ein solches Beispiel nimmt man sich am besten eine Gerätschaft, die allein durch das was man von außen sehen kann selbsterklärend ist.

Für ein solches Beispiel ist ein Fahrrad gut geeignet. Ein Fahrrad ist aus verschiedenen Teilen zusammengebaut, womit nicht gesagt ist, dass all diese Teile für dessen Funktion notwendig sind. Hier spricht man in Bezug der Funktion von einer Reduzierbarkeit. Damit sind in diesem Beispiel die Teile gemeint, auf die man das Ganze was dessen Funktion betrifft reduzieren kann. Um nur zu funktionieren benötigt ein Fahrrad keine Beleuchtung, Klingel, Schutzblech, Kettenschutz und was dergleichen sonst noch an Fahrrädern verbaut ist. Über dieses hinaus spricht man von einer Nichtreduzierbarkeit. Fehlt im nichtreduzierbaren Bereich ein Teil, ist die Funktion des Gesamten nicht mehr gegeben.

Möchten wir diesen Vergleich in den Bereich der belebten Natur überführen, müssen wir uns einen Einzeller vorstellen, wobei die Komplexität eines Fahrrads mit der eines Einzellers nicht vergleichbar ist. Eine Wahrscheinlichkeit, dass Teilchen so zusammentreffen, dass eine Struktur wie ein Einzeller welcher nicht reduzierbar ist dabei entsteht, ist einer Wahrscheinlichkeit nach als unmöglich zu erachten. Dazu kommt die Frage, ob unabhängige Teilchen derart miteinander wechselwirken können, sodass sie sich zu lebender Materie vereinigen.

Statt sich jetzt weiter mit Wahrscheinlichkeiten auseinanderzusetzen, macht es wohl mehr Sinn, sich alles Lebendige so wie es sich uns zeigt vor Augen zu führen. Wo bietet sich dies eher an, wie bei uns selbst.

Uns wurde von verschiedenen Seiten vermittelt, wir Menschen stünden mit weitem Abstand an der sogenannten Spitze der Schöpfung. Mit einer Darstellung, die heute weniger geläufig erscheint, bezeichneten wir uns als Krone der Schöpfung. Um den besagten Abstand von unseren Mitprimaten zu begründen bzw. zu vergrößern, sprachen wir diesen in Bezug dessen wesentliche Eigenschaften ab. Dabei wird behauptet: *Tiere haben keine Seele, Tiere können nicht denken, Tiere haben kein Bewusstsein, Tiere kennen kein Mitleid, Tiere fühlen keinen Schmerz....* So könnte man diese Aufzählung fortführen. Sobald wir einen Satz mit: *Tiere* beginnen glauben wir, darin sei wohl ein gewisser etischer Anspruch nicht gegeben. Dieses Absprechen von Eigenschaften welche unseren Mitprimaten nicht mit uns gemein haben sollen, soll auch heute noch die Begründung dafür sein, dass wir hierbei über Tiere aller Arten verfügen dürfen, wie es uns beliebt. Diese Auffassung zieht sich weitgehend durch alle Völker sowie Kulturen. Wirtschaftlichkeit tritt hier wohl an erste Stelle. Gibt es irgendwo einen anhaltenden Aufschrei in Bezug Tierwohl, sehen sich Regierende dazu gezwungen zu handeln. Folglich werden nach langem Ringen Gesetze geschaffen, die auch oft nur das Notwendigste abdecken. Damit ist sehr oft dem Tierwohl noch nicht entsprochen. So wird dabei die Tierquälerei nur in ein anderes Land umgelagert, ein Land wo diese Quälerei nicht gesetzlich geregelt ist. Ohne entsprechende Informationen sind wir wieder ungewollte Nutznießer der gleichen Tierquälerei, die wir glauben abgestellt zu haben.

Nach dem Allgemeinverständnis sieht man den Unterschied zwischen uns und unseren Mitprimaten in der vermeintlichen Tatsache, dass Tiere keine Seele hätten. Dieser Bereich ist hauptsächlich eine Domäne der Religionen. Auch hochrangige Vertreter der Religionen haben diesen vermeintlichen Unterschied vertreten. Das diese Geisteshaltung nicht ausschließlich der Vergangenheit zuzurechnen ist, konnte ich selbst miterleben. Wenn man einen diese Religionsvertreter, nachdem er einem Tier die Seele abgesprochen hat danach fragt, ob er wirklich glaubt, dass das Tierleben nur der Funktion von Materie geschuldet sei fällt auf, dass er nicht mehr fließend weiterspricht.

Auch in einem Schriftstück las ich, Tiere würden vor dem sogenannten Himmelstor abgewiesen werden. Man fragt sich automatisch, in welcher Wesensart die Tiere dabei vor dem Himmel erscheinen sollen, wenn nicht als Seele. Hier soll nicht verhehlt werden: Gerade die Stellungnahmen solcher Religionsvertreter waren Ursache von zahllosem Tierleid. Ein solches Beispiel sei stellvertretend hier genannt. Am 13. Juni 1233 verband Papst Gregor IX. in einer päpstlichen Bulle Katzen mit Satanismus. Daraufhin begann eine noch nie dagewesene Verfolgung der Katzen, ins besondere der schwarzen Katzen. Die perverse Art, wie die Katzen zu Tode kamen soll hier genannt, doch aus Rücksicht auf uns selbst nicht näher beschrieben werden. Die Indizien sprechen dafür, dass durch diese Dezimierung der Katzen die Pest (*schwarzer Tod*) ausbrechen konnte. Als Ursache gilt das Bakterium Yersinia. Als Überträger dieses Bakteriums zum Menschen gelten Ratten, welche zum Beuteschema der Katzen gehören. Daraufhin infizierten sich die Menschen gegenseitig. Es bleibt anzumerken, dass von 1346 bis 1353 mit 25 Millionen Todesopfern die damalige Bevölkerung Europas um ein Drittel dezimiert wurde.

Die Frage: Was man sich unter einer Seele vorstellen kann, wie Materie lebendig werden konnte und sich Gedanken bilden, schien mir jedoch unlösbar. So verging geraume Zeit.

Es war ein Donnerstag, als wir ein paar Besorgungen erledigten. Für meine Frau und mich ist es schon fast ein Ritual nach gemeinsamen Erledigungen eine Lokalität aufzusuchen um einen Kaffee zu trinken. So fuhren wir zu einem Bauernhof mit integrierter Gaststätte, der unweit von unserem Heimweg gelegen ist. Als wir uns dort im Außenbereich nach einer Sitzgelegenheit umschauten, war ich etwas überrascht Friedrich und Christian mit ihren Frauen dort anzutreffen. Nachdem wir uns begrüßt und meine Frau sich mit ihnen bekannt gemacht hatte, nahmen wir an dem freien Tisch neben ihnen Platz. Marie und ihr Cousin Hans kamen wenig später hinzu und nahmen bei uns am Tisch Platz. Wir unterhielten uns über eine Burgruine, die etwa 15 Kilometer von dort in einem kleinen See steht.

Margarete, die Frau von Friedrich hatte sie unlängst aufgesucht, weshalb wir uns über sie unterhielten. Wir saßen im Schatten der dortigen Stützmauer, wodurch wir vor der derzeit heißen Sonne gut geschützt waren.

Friedrich, der am Nachbartisch, jedoch unmittelbar neben mir saß sagte zu mir: »Als wir uns vor ein paar Wochen unterhalten haben sagtest du, du würdest dir Fachliteratur besorgen, um besser zu verstehen worüber wir gesprochen haben. Frage: Wie weit bist du damit gekommen«. Ich sagte ihm, ich hätte mir Verschiedenes in dieser Richtung besorgt, würde nur so nach und nach, wenn überhaupt; verstehen, was im Einzelnen beschrieben sei. Besonders hob ich das Buch „Der Teil und das Ganze" von Werner Heisenberg hervor. Zudem hätte ich mir ein Büchlein angelegt, in das ich diesbezüglich Sachverhalte, so wie ich sie verstanden glaube, nach Themen geordnet hineinschreibe. Christian fragte darauf: »Hat dir dies ein besseres Verständnis für diese Dinge verschafft«? Ich wollte bescheiden, jedoch auch bei der Wahrheit bleiben, worauf ich erwiderte: »Ich glaube, dass ich die Materie, wenn ich dabei das Maß des Allgemeinverständnisses anlegen darf gut verstanden habe. Die Materie ist ja auch von der Wissenschaft gut erforscht. Wie physikalisch betrachtet aus dem absoluten nichts Materie geworden ist habe ich für mich selbst durch eure Hilfe eine Erklärung, sie wird aber nie den Status einer Annahme verlassen können«. Anni, die Frau von Christian die mitgehört hatte fragte: »Kannst du mit dem was du diesbezüglich zu wissen glaubst abschließen, oder stehen noch ein paar Türchen mit Fragezeichen darauf offen«? Ich sagte hierzu fragend: »Türchen offen? Da steht noch ein großes Tor offen! Ich glaubte immer die Materie

einigermaßen verstanden zu haben, wobei ich mich zuge-
gebenermaßen mit einer sehr einfältigen Vorstellung zu-
friedengegeben habe. Dennoch taten sich immer wieder
Fragen auf, die mich jedoch nie aus meinem Rhythmus her-
ausbrachten«. Mir war, als hätte ich alles damit gesagt,
doch Anni erinnerte mich an das von mir erwähnte große
Tor, und wollte wissen was sich dahinter befände. Hierzu
bedurfte es keiner anspruchsvollen Erklärung, worauf ich
antwortete: »Nach der allgemeinen Weltanschauung, wie
sie hauptsächlich in der westlichen Welt propagiert wird,
ist Leben durch zufälliges Aufeinandertreffen von gewissen Molekülen aus diesen heraus von selbst entstanden.
Durch skeptisches Hinterfragen kam ich zu der Auffassung, dass dem so nicht sein kann. Um über dieser Frage
nachdenken zu können, fehlt mir ein passender Ansatz«.
Um da weiterzukommen, meinte Friedrich, könnte mir das
von Aristoteles eingeführte Wort *„Entelechie"* *(altgrie-
chisch* ἐντελέχεια *entelecheia),* bedeutet: einen Plan zum
Ziel seiner eigenen Verwirklichung in sich zu tragen, weiterhelfen.
Nach einer Weile stellten wir uns an uns zu verabschieden.
Von hier führt ein Weg zu dem kleinen Flüsschen, welches
später an der Mühle von Marie und den Anwesen von den
Familien von Friedrich und Christian vorbeiführt. Von hier
gibt es einen Rundweg, wobei man das Flüsschen beidseitig umwandern kann. Wieder zurück zur Bauernhofgast-
stätte ist dies ein Fußweg von etwa anderthalb Stunden.
Wir freuten uns, als Marie und Hans sagten, dass sie gerne
mitgehen würden. Der Weg führt an dem Rest einer Burgruine vorbei, an deren Rand sich ein turmhoher Quarzit Felsen befindet. Auf diesem Quarzit Fels stand ursprünglich

der Bergfried, von dem man in das Tal schauen konnte, in dem sich das Flüsschen befindet. Als wir am Flüsschen angekommen waren, fragte Marie, wie weit sich der Fußweg von hier bis zu ihrer Mühle erstrecken würde. Meine Frau sagte darauf: »Wir sind vor ein paar Jahren am 1. Mai mit einem befreundeten Paar von hier zu dem Dorf, welches etwas abseits von euren Anwesen gelegen ist gewandert. Dafür haben wir damals etwas mehr als eine Stunde gebraucht«. Nachdem wir uns auf dem Weg um das Flüsschen befanden, sprach Hans mit mir wie er das Leben aus medizinischer Sicht auffasst. Dabei erfuhr ich einiges, wovon ich zuvor so noch nicht gehört habe. Besonders überrascht war ich, als Hans mir erklärte, wie man mit Hilfe von Schall sehen kann. Obwohl Hans mir alles mit allgemeinverständlichen Worten erklärte, musste ich dennoch oft nachfragen.

Zwischendurch kamen wir an Mauerresten mit einem Zulauf vorbei. Dieses lässt darauf schließen, dass dies einmal eine Mühle gewesen sein muss. Marie blieb dort eine Weile stehen, wobei sie sagte: »Ich würde gerne sehen, wie dies einmal ausgeschaut, wie die Leute an dieser engen Stelle gearbeitet haben«. An einer kleinen Brücke überquerten wir das Flüsschen und gingen dann auf der rechten Seite dieses in Fließrichtung zurück. Etwas unterhalb liegen mehrere tonnenschwere Felsbrocken im Bett des Flüsschens, die irgendwann von den seitlichen Felsen abgerissen und nach dort abgestürzt sein müssen. Der Weg vom Flüsschen zur Burgruine verläuft relativ steil. Hans fragte, ob es eine Möglichkeit gibt den Quarzit Felsen an der Burgruine zu besteigen. Ich konnte ihm sagen, dass man dafür keine bergsteigerische Fähigkeit brauche. So gingen auch Marie

und meine Frau mit nach oben, wo wir bei der herrlichen
Aussicht eine gewisse Zeit verweilten.

Lebendig werden, lebendig sein.

Das von Friedrich erwähnte Wort Entelechie zog mich durch das, was ich in Bezug meiner Frage darunter zu verstehen glaubte, immer mehr in seinen Bann. Bis hierher hätte ich geglaubt, das Wort Entelechie (*Aus dem Altgriechischen, Bedeutung: Ein Ziel inne zu haben*) wäre beispielsweise für die Beschreibung der Eigenschaft von Elementarteilchen, über Atome zu Molekülen in Bezug der darin befindlichen Information anzuwenden. Diese Annahme war jedoch ein Irrtum gewesen.

Um die Bedeutung des Wortes Entelechie zu begreifen, ist es hilfreich sich die Insektenwelt anzuschauen. Das Entstehen eines Schmetterlings beginnt mit der Befruchtung des Eies, welches zur Ablage kommt. Mit der Befruchtung beginnt ein eigenständiges Leben. Ein Leben beginnt zunächst mit einer einzelnen Zelle. In dieser Zelle ist der gesamte Bauplan dessen, was daraus werden soll angelegt. Genauer dargelegt, ist der Bauplan mit der DNS bzw. DNA (*Desoxyribonukleinsäure*) hinterlegt. Eine Zelle ist aus Proteinen aufgebaut, ein Makromolekül welches sich aus Aminosäuren zusammensetzt. Dieses Aufbaumaterial besteht zunächst aus Proteinketten, die mit Hilfe von Chaperonen in eine gewünschte Struktur gefaltet werden. Die Chaperone, die sogenannten Helfer sind auch für das recyceln der misslungenen Proteinfaltungen zuständig.

Bereits hier ist deutlich, Leben ist nicht das Ergebnis der Wechselwirkung von Materie, beruhend auf Zufall. Das Leben so aus sich heraus entstanden sein soll, wird jedoch in der Evolutionstheorie vorausgesetzt. Bei allem was Leben in sich trägt, ist intelligentes Design erkennbar.

Intelligentes Design ist das, was wir erkennen, dieses Design kommt jedoch zustande, weil es mit Leben umgeben, besser gesagt; ergriffen ist. Der Ursprung dessen, was hier mit Leben zu benennen ist, benannten die Quantenphysiker der ersten Generation mit Geist. Max Planck scheute sich nicht, die Herkunft dieses Geistigen einem bewussten Geist, einem Geistwesen zuzusprechen. Dieser Geist entzieht sich einer Physikalischen Beschreibung, deshalb kann man sich in diesem Bereich nur mittels Gleichnis Rede verständigen. Daraus folgt: Gleich ob wir eine religiöse Einstellung vertreten, oder auch nicht, ist das Leben bzw. Lebendige einem Schöpfer-Geist zuzusprechen. Demzufolge ist das Leben geschaffen, nicht wie nach dem allgemeinen Sprachgebrauch; entstanden. Es sei wiederholt, was Max Plank seinerseits hierzu sagte: *„Damit kommt der Physiker, der sich mit der Materie zu befassen hat, vom Reich des Stoffes in das Reich des Geistes. Und damit ist unsere Aufgabe zu Ende, und wir müssen unser Forschen weitergeben in die Hände der Philosophie."*

Bei der Beschreibung des Lebens, befindet sich die Entelechie im Geistigen. So kommen wir wieder auf die Schmetterlinge zurück.

Nehmen wir uns zur Veranschaulichung einen Schwalbenschwanz Schmetterling. Im befruchteten Ei dieses Schmetterlings befindet sich auf dessen DNA die Erbanlagen, sowie der Entwicklungsverlauf vom Ei zum Schmetterling. Ein paar Tage nach der Eiablage hat sich im Ei eine Raupe entwickelt und schlüpft aus dieser. Damit aus der Raupe das wird, wozu sie bestimmt ist, muss sie viel fressen. Sie nimmt rasch an Volumen zu, wobei ihre Haut nicht mitwächst. Bevor ihre Haut vor Spannung zerreißt, hat sich bereits eine neue Haut gebildet. Dies geschieht etwa eine Woche nach dem Schlüpfen. Dieser Vorgang wiederholt sich noch viermal. Bei den Häutungen ändert sich auch das Muster auf der Haut. Danach häutet sich die Raupe ein letztes Mal. Es vollzieht sich deren Verpuppung. Dabei verankert sie sich mit einem Faden an einem Stängel. So verharrt sie zwei Wochen regungslos. Danach reißt die Puppe auf und ein Schmetterling der sich in dieser Zeit darin entwickelt hat verlässt die Puppe. Er pumpt Blut in seine Flügel und glättet sie, was einige Zeit in Anspruch nimmt. Nach einer gewissen Ruhe und Übungsphase fliegt er in Richtung Licht davon.

Eine solche Umwandlung vollzieht sich nicht nur bei Insekten. Sie vollzieht sich beispielsweise auch bei Fröschen. So gibt es Fische, die bei Bedarf ihr Geschlecht wechseln. Es scheint müßig darüber nachzusinnen, ob das Leben bei minimalster Komplexität oder gleich welcher Konstellation geschaffen wurde, ob es sich aus einem Ursprung heraus ableitet oder wie es auch immer zu verstehen ist. Bevor es uns gelingt gleich in welche Richtung Rückschlüsse zu ziehen, beginnen wir zu staunen.

Als Hans mir sagte, dass man mit Hilfe von Schall sehen kann, begann auch ich zu staunen. Wie dies nach der Erklärung von Hans möglich ist, versuche ich hier zu berichten. Das was wir unter sehen verstehen, gestaltet sich wie folgt:

Unser Sehen ist vordergründig auf Reflektion von Licht aufgebaut. Licht, gleich aus welcher Quelle dehnt sich mit dessen Geschwindigkeit in alle Richtungen aus, bis es auf ein Objekt auftrifft. Die Oberfläche des betreffenden Objekts ist maßgebend, welcher Anteil dieses Lichtes wieder reflektiert wird. Ein Objekt, welchem wir die Farbe schwarz zusprechen, absorbiert fast das gesamte Licht, sowie das was wir als weiß sehen, dass gesamte Licht wieder reflektiert. So erreicht Licht vom gesamten Panorama welches uns zugewandt ist auch unsere Augen. Unsere Augen sind in ihrer Funktion mit einer Kamera zu vergleichen. Zunächst trifft das Licht auf die gekrümmte lichtdurchlässige Hornhaut, welche für den größten Teil der Lichtbrechung zuständig ist. Von hier aus passiert das Licht die Pupille, um zur Linse zu gelangen. Die Pupille stellt eine Öffnung dar, die von der Iris gebildet wird, die wir auch als Regenbogenhaut kennen. Die Iris ist ein ringförmiger Muskel, der zur Mitte hin offen ist, daher die Pupille bildet. Je nach Intensität von Licht zieht sich die Iris zusammen, wobei die Pupille kleiner wird. Bei Dunkelheit ist die Iris entspannt, womit sie ihre Maximalgröße erreicht. Durch diesen Mechanismus ist gegeben, dass die Netzhaut letztendlich weder unter, noch überbelichtet wird. Zuvor muss das Licht die Linse, welche sich hinter der Pupille befindet passieren. Die Linse wird durch den Ziliarkörper entsprechend geformt, was als Bild Scharfeinstellung zu betrachten ist, ansonsten würden wir verschwommen sehen. Der Ziliarkörper ist ebenfalls ein Ringmuskel, durch Fasern mit der Linse verbunden. Bis hierher ist ein Auge mit dem Objektiv einer Kamera zu vergleichen. Das korrekt durch die Linse gebrochene Licht (*Scharfeinstellung*), trifft nun auf die Netzhaut auf. Die Netzhaut befindet sich an der Rückwand des Auges. Im Vergleich mit einer Kamera ist die Netzhaut das, was bei der Analogkamera den Negativfilm und bei einer Digitalkamera den Bildsensor darstellt. Hierbei ist anzumerken, auf der Netzhaut befinden sich etwa 126 Mio.

lichtempfindliche Rezeptoren, die aus dem empfangenen Licht ein Bild erzeugen, man kann auch sagen, zusammenstellen. Diese Rezeptoren sind folglich unterteilt: 120 Mio. Rezeptoren werden als Stäbchen bezeichnet, sie reagieren auf Hell bzw. Dunkel.

6 Mio. Rezeptoren werden als Zapfen bezeichnet, die das farbliche Sehen ermöglichen. Sie sind in S, M und L Zapfen unterteilt. Die S Zapfen detektieren das blaue, die M Zapfen das Grüne und die L Zapfen das rote Licht. Fällt Licht einer Farbe in einen dafür vorgesehenen Zapfen, erzeugt dieses die Spaltung des darin befindlichen Farbstoffes. Diese Aktion wird in einen elektrischen Impuls gewandelt, der an den Sehnerv und durch diesen schließlich an das Gehirn geleitet wird. Mit den gesamten Impulsen von den 126 Mio. Rezeptoren, macht sich das Gehirn Buchstäblich sein Bild.

Aufgrund dieser Darstellung scheint es sicher, dass beispielsweise der komplexe Sehvorgang beim Menschen sich nur gemäß dem hier dargestellten Ablauf bzw. unter diesen Bedingungen vollziehen kann. Das dem nicht so ist, zeigt sich bei Menschen, die ihr sogenanntes Augenlicht verloren haben und sich dafür eine andere Option zu eigen machen. Mit dieser besagten Option erhalten sie ein Bild; statt durch Lichtreflektion, durch ein Schallecho (*Akustik*).

Diese betreffenden Personen erzeugen ein Klickgeräusch, durch sogenanntes Schnalzen. Der hierbei erzeugte Schall trifft zunächst auf das, was sich ihm in den Weg stellt, gleich wie das Licht, soweit es vorhanden ist. Wie Licht, wird auch der Schall reflektiert, wobei die Schallreflektion mit Echo bezeichnet wird. So erreicht der von dieser Person ausgesendete Schall wieder als Echo sein Gehör. Dadurch, dass dieses Echo sich aus Reflektionen eines Objekt Panoramas zusammensetzt, hat es damit eine entsprechende Struktur erhalten. Der Schall der nicht direkt in den Gehörgang reflektiert wird, prallt auf die Ohrmuschel, von wo er auch in den Gehörgang gelangt und auf das Trommelfell aufprallt. Da Schall sich aus Druckwellen zusammensetzt, bringt er das Trommelfell zum Schwingen. Dahinter befinden sich Gehörknöchelchen, die als Hammer, Amboss und Steigbügel bezeichnet werden. Die durch die Schallwellen ausgelöste Vibration des Trommelfells, wird durch die benannten Gehörknöchelchen zum Innenohr übertragen, wo sich die Cochlea befindet. Die Cochlea wird allgemein wegen ihrer Form als Hörschnecke bezeichnet. Die Hörschnecke ist eine mit Flüssigkeit gefüllte spiralförmige Röhre. Das Innere dieser Röhre ist mit Sinneszellen, den Haarzellen ausgekleidet. Durch die unterschiedlichen Empfindlichkeiten dieser Haarzellen können diese das gesamte Spektrum der angekommenen Schwingungen aufnehmen. Die Bewegungen der feinen Haarzellen erzeugen in den Zellmembranen Spannungsunterschiede, welche elektrische Signale erzeugen. Diese Signale gelangen über den Hörnerv in das Hörzentrum des Gehirns. Letztlich werden sie dort entsprechend verarbeitet und unserem Bewusstsein zugeführt.

Das Gehirn der Menschen, von denen hier die Rede ist, nimmt es nicht hin, sich kein Bild mehr von seiner Außenwelt machen zu können. Es greift auch hierfür auf den Hörnerv zu und macht sich gleich wie es dies von den Signalen aus Licht kennt, aus den ihm zur Verfügung stehenden Signalen wieder buchstäblich sein Bild. Untersuchungen haben ergeben, die Bilder aus Akustik werden vereinfacht ausgedrückt, in derselben Stelle im Gehirn erzeugt, wo auch die Bilder mit normalem Sehen Zustandekommen. Diese Art zu sehen, die einen Lernprozess voraussetzt, verleiht den Betroffenen weitgehende Eigenständigkeit.

Was hieraus abzuleiten ist: Ein Gehirn ist kein Organ, welches durch das agiert, was ihm zugespielt wird, vielmehr macht sich dieses Organ zwecks Information selbst auf die Suche. Wenn wir hierbei und dergleichen ein Gehirn in Betracht nehmen, gilt dies für gleichnamiges Organ aller Primaten. Betrachten wir das Gehirn auf der Grundlage von Allgemeinverständnis, ist das Bewusstsein, womit alles was die geistige Eigenschaft eines Wesens ausmacht, ausschließlich dem Organ Gehirn geschuldet. Das dem nicht so sein kann wird deutlich, wenn wir beispielsweise einiges was mit dem Wort Ahnung beschrieben werden muss, detailliert in Augenschein nehmen.

So wurden Studien durchgeführt, bei denen eine durch Emotion ausgelöste Hirntätigkeit als Grafik, gleich dem Format eines Kurvendiagramms sichtbar gemacht werden soll. Probanden wurden bei solchen Studien Bilder gezeigt, wobei sie mit entsprechendem Messmodul mit Anzeige verbunden waren. Das Ergebnis wurde in benannter Form dargestellt. Zeigte man beispielsweise Probanden mit einer Spinnenphobie ein Bild mit einer Spinne, löste dieses eine maximale Ausschlags Kurve aus. Bei solchen Studien war eine Anomalie zu beobachten. Im Bereich eines Sekundenbruchteils vor der Sichtbarkeit eines Bildes ergaben sich schwache, jedoch deutliche Kurvenausschläge. Diese Anomalien mussten als physikalisch unerklärbar zur Kenntnis genommen werden. Es besteht die begründete Annahme, dass das Gehirn von Probanden kurz vor dem

Sichtbarwerden eines Bildes durch das was wir Ahnung nennen informiert wurde. Hierbei ist anzumerken: Der allgemeinen Auffassung, dass ein Gehirn hauptsächlich aus Zellen besteht, die durch Synapsen (*Verbindungen mit elektrischer und chemischer Informationsweitergabe*) verbunden sind, ist zu widersprechen. Diese Zellen machen nur 15 % unseres Gehirns aus. Die Gliazellen machen dagegen 85 % unseres Gehirns aus. Gliazellen erschöpfen sich nicht in ihrer Aufgabe als Stützgerüst unseres Gehirns. Unter Anderem sind die Gliazellen in den Prozess der Informationsverarbeitung eingebunden. Damit zeigt sich das Gehirn als ein noch geheimnisvolleres Organ.

Transzendenz.

Mit Transzendenz wird bezeichnet, was sich sprachgebräuchlich jenseits befindet. Dieser Begriff wird meistens
in der Philosophie und Theologie verwendet. Nach allgemeiner Auffassung verbietet es sich, in der Naturwissenschaft diesen Begriff anzuwenden, da er nahe an dem an-
gelehnt ist, was als Glaube verstanden wird. Doch vieles
was in Erscheinung tritt, beruht nicht auf Physikalischen
Gegebenheiten und ist somit auch nicht messbar, wie es in
der Physik verlangt wird. Durch das Verständnis der Quantenphysik ist symbolisch gesprochen, die Tür zur Transzendenz einen spaltweit geöffnet. Hierzu sei beispielgebend
erwähnt, dass physikalische Vorgänge schon durch Beobachtung beeinflusst werden (*Siehe Doppelspaltexperiment*). Um Erfahrbares zu begreifen, das sich weder sichtbar noch messbar darstellen lässt, müssen wir der Phantasie
den dafür notwendigen Raum geben.
Alles selbstständige Leben (*Lebendige*) besteht aus Zellen.
Darunter gibt es Einzeller wie auch Mehrzeller. Ein erwachsener Mensch besteht aus 100 Billionen solcher Zellen. Vereinfacht dargestellt: Zellen vermehren sich durch
Teilung, wobei auch die Erbinformation vollständig erhalten bleibt. Diese Information befindet sich auf der DNA,
sie wird als ein spiralförmiges Gebilde (*Doppelhelix*) dargestellt. Die Doppelhelix ähnelt einer Wendeltreppe mit
zwei Treppenwangen und den dazwischen befindlichen
Treppenstufen. Was bei diesem Beispiel die Stufen darstellt sind Basenpaare. Hierbei gibt es 4 unterschiedliche
Basen, Adenin, Thymin, Cytosin und Guanin. Zwei Basen
binden immer komplementär aneinander. Adenin verbindet

sich mit Thymin und Cytosin mit Guanin. Die Gene, mit der Erbinformation machen nur ein Teil der DNA aus. Die hiergemeinte Erbinformation bezieht sich auf die Gestaltung des gesamten Organismus. Jede Körperzelle ist hierzu informiert, und in die Gestaltung an ihrem Platz mit eingebunden. Zum gesamten Körperaufbau besteht ein detaillierter Plan. Dies zeigt sich beispielsweise beim Entstehen eines Kükens während des Brutvorgangs. Bereits 21 Stunden nach Brutbeginn ist an der Stelle, wo später das Herz schlägt ein Signal in dessen Rhythmus zu vernehmen. Das Informationssystem der Doppelhelix stellt man sich mehrheitlich auch heutzutage gleich der alphabetischen Textbildung vor. Dabei soll die jeweilige Basenkombination einen entsprechenden Text bilden. Aus diesem Text heraus sollen sich die Zellen informieren. Mit Text, Zeichen und Dergleichen Kommunikation zu betreiben, ist ein Hilfsmittel, welches sich Menschen ausgedacht haben. Der Natur, somit deren schöpferischem Geist ist weitaus mehr zuzutrauen. Die Basen der DNA fungieren eher als Informationsträger. Information muss nicht wie Daten, erst entschlüsselt werden.

Das DNA-Molekül besteht weitgehend aus Wasser. Wie bereits beschrieben ist laut Dr. Rustum Roy und weiteren Wissenschaftlern; Wasser der größte Erinnerungsspeicher. In der DNA ist nicht nur der Bauplan (*Bereich der Gene*) des entsprechenden Individuums hinterlegt, sondern dessen Eigenschaften, wie Charakter usw.

Auch das was wir Ahnung nennen ist durch Information gegeben. Da sich der Ursprung von Ahnung im Geistigen befindet, ist ein diesbezüglicher Vorgang nur unter Einbezug von Transzendenz zu beschreiben bzw. zu verstehen.

Da das, was wir als Ahnung erfahren keine Physikalische Größe ist, entzieht sich diese einer Sinneswahrnehmung. Und dennoch, die hier beschriebene Messergebnisse zeigen, unser Gehirn spricht auf das an, was physikalisch nicht nachvollziehbar ist. Es gibt weitere ähnliche Phänomene auf dieser Ebene. Vor Allem, Menschen die sich nahe stehen wissen davon zu berichten. So wird oft berichtet, wenn sich jemand in einer kritischen Situation befindet, dass eine nahestehende Person eine Ahnung hiervon bekommt. Dies geschieht hauptsächlich zwischen Verwandten. Das parallele Verhalten von Zwillingen ist hierzu von besonderer Qualität. Bei Zwillingen die voneinander getrennt und nicht übereinander informiert waren, stellten sich oft zum gleichen Zeitpunkt die gleichen Ereignisse ein, Ereignisse die willkürlich zu steuern und nicht im Bereich den man Schicksal nennt anzusiedeln ist. Hierzu wissen Transplantierte Menschen Besonderes zu berichten. Nach einer Transplantation zeigen Organempfänger beispielsweise Interesse für ein Hobby, dem sie vor ihrer Transplantation eher gleichgültig gegenüberstanden. Nach Recherchen stellte sich dann heraus, dass das neu erworbene Hobby, dass ihres Spenders war. Gerne werden die hier angesprochenen Phänomene dem Zufall zugesprochen. Oft lässt sich Transzendentales nur durch statistische Analysen belegen, die jedoch nicht auf Physikalische Ereignisse gründen, Transzendentales ist zunächst nur als Indiz zu werten. Die Verbindung zweier sich nahestehender Menschen auf Transzendentaler Ebene befindet sich mit dem bekannten Phänomen der Quantenverschränkung in Einklang. Dabei ist anzunehmen: Wie die Quantenteilchen den Zustand des mit ihm verschränkten Teilchens zur Kenntnis nehmen, so nimmt auch das Gehirn Kenntnis vom Transzendenten. Das wir mit dem, was wir Ahnung nennen, Kenntnis vom noch nicht Geschehenem erhalten, ist nicht widersprüchlich. Im Transzendenten (*geistigen*) Bereich Angesiedeltes, kennt kein Ort, keine Zeit, somit auch kein davor und kein danach, nur das Jetzt.

Beim Erbgut, den Genen kommt es gelegentlich zu Mutationen (*Veränderungen*), die sich dann auch als verschiedenartige Anomalien zeigen. Diese Anomalien können mehr oder weniger schwerwiegende Folgen für das betreffende Individuum haben. Beziehen wir dies beispielsweise auf Menschen, so kann es durch Mutation zu Ausfällen oder Missbildungen kommen.

Das was den Menschen als leibliche Substanz ausmacht, ist durch die Chromosomen bestimmt. Jeder Mensch besitzt 23 Chromosomen Paare. Bei einer Zeugung tragen beide Elternteile mit je einem Einzelchromosom bei, die schließlich beim Befruchtungsvorgang in der Eizelle zusammenfinden. Dabei ist das 23. Chromosomen Paar das Geschlechtsbestimmende. Die Frau, die diesbezüglich ein XX-Chromosomen Paar innehat, kann folglich mit einem solchen bei der Weitergabe in die Eizelle beitragen. Der Mann besitz diesbezüglich ein X-Chromosom (*Von seiner Mutter*) und ein Y-Chromosom (*Von seinem Vater*). Gibt der Mann davon ein X-Chromosom in das zur Befruchtung beitragende Spermium, entsteht durch das zusammengekommene XX-Chromosomen Paar ein Mädchen. Gibt der Mann hingegen ein Y-Chromosom in das zur Befruchtung beitragende Spermium, entsteht durch das zusammengekommene XY-Chromosomenpaar ein Junge.

Die Gene befinden sich auf den Chromosomen. Auf dem kurzen Arm des Y-Chromosoms ist das SRY-Gen platziert. Mutiert beispielsweise dieses Gen, womit die Information darauf verlorengeht, kommt es zu einem folgenschweren Ausfall. Durch das Y-Gen ist das männliche Geschlecht vorbestimmt. Durch die fehlenden Informationen auf dem SRY-Gen, kann folglich diesbezüglich keine Entwicklung stattfinden, welche den Übertritt zum männlichen Geschlecht vollziehen und begleiten soll. Es entsteht dabei durch fehlende Fortpflanzungsorgane eine Sterile Frau. Laut einer Statistik sind 2 % der Frauen davon betroffen. Diese Frauen gehören genetisch zum männlichen Geschlecht. Es gibt auch Anomalien, die nicht durch ausbleibende Gen-Information zustande kommen, sondern durch Informations-Diskrepanz. Hierzu zählt Trisomie 21, sprachgebräuchlich Down-Syndrom genannt. Diese Anomalie ist durch das Chromosom 21 verursacht. Der Begriff Trisomie kommt aus dem Altgriechischen, was etwa dreierlei Körper bedeutet. Durch Fehlfunktion gibt ein Zeugungspartner nicht ein, sondern zwei Chromosomen 21 ab. Damit ist beim neugeborenen mit drei Chromosomen, ein Chromosom zu viel vorhanden. Dieses überschüssige Chromosom ist mit einem 5. Rad am Wagen zu vergleichen. Dies führt sowohl zu körperlichen, wie auch geistigen Anomalien.

Es gibt Erbinformationen, die nicht dem Körperbauplan zuzurechnen sind. Tiere, die über Generationen in menschlicher Gemeinschaft gelebt haben, sind den Menschen gegenüber zutraulich, wobei Tiere die kein Kontakt mit Menschen hatten, sich scheu verhalten. Versuche die darauf angelegt waren zeigten, Erinnerung ist auch wie Charakter-

Eigenschaft vererbbar. Da man für seinen Charakter mitverantwortlich ist, müsste man auch für das mit verantwortlich sein, was man diesbezüglich weitervererbt.

Mit Transzendenz ist eine Wahrnehmung zu benennen, deren Zugänglichkeit außerhalb physikalischer Gegebenheit erfolgt. Transzendenz lässt sich keineswegs nur auf den Erfahrungsbereich von Menschen begrenzen, dergleichen ist auch bei Tieren zu beobachten. Beispielsweise künden Katzen und Hunde oft die Ankunft von Mitbewohnern an, obwohl sich diese noch außerhalb einer sinnlichen Wahrnehmung befinden. Auch Oktopusse zeigen Verhalten, welches auf transzendente Wahrnehmung zu begründen seine Berechtigung hat. Das Gehirn des Oktopusses ist auf verschiedene Körperbereiche aufgeteilt. Neben dem Haupthirn, besitzt der Oktopus in jedem seiner 8 Tentakel ein separates Gehirn. Damit kann ein Oktopus mit seinen Beinen denken.

Das auch Pflanzen Transzendentes wahrnehmen ist zu vermuten, jedoch nur schwer zu belegen. Was belegt ist: Pflanzen nehmen ihr Umfeld wahr und verfügen über Intelligenz. Bevorzugt sind Versuche mit Mimosen. Es war zu beobachten: Bei einer für die Mimose unangenehmen Handlung, zog eine Mimose ihre Blätter zusammen. Das Gleiche wiederholte sich, wenn man dies in einem gewissen zeitlichen Abstand wiederholte. Nach gewissen Intervallen reagierte die Mimose, obwohl das Unangenehme für die Mimose ausblieb. Diese Versuche wurden vielfach durchgeführt. Hiermit ist erkennbar, Pflanzen können sich erinnern und haben zudem ein Zeitgefühl. Dies alles zeigt sich, obwohl bei den Pflanzen keine uns bekannte Art Gehirn feststellbar ist. So wird auch von Messungen berichtet, deren Ergebnisse aufzeigen, dass pflanzen schon auf die Absicht von Menschen reagieren können. Wenn man weiter zurückdenkt, ist diese Erkenntnis wohl nicht neu. Ein Zitat, welches auf dergleichen Beobachtungen beruht sagt, dass böse Frauen keine schöne Blumenpflanzen hätten.

Wer fährt den Wagen?

Was bei dieser Frage als Wagen benannt ist, soll als Metapher verstanden werden. Als den besagten Wagen sollen wir uns bei dieser Fragestellung selbst verstehen, womit wir unser eigenes Ich hinterfragen. Das Zitat: *„Cogito, ergo sum"* geht auf den französischen Philosophen, Naturwissenschaftler und Mathematiker René Descartes zurück. In unserer Sprache heißt dies: „Ich denke, also bin ich."
Damit sich im Gehirn ein Denkprozess vollziehen kann, benötigt es Erkenntnis, der Stoff aus dem Gedanken gebildet werden. Was das Gehirn hierzu aus dem physikalischen Bereich benötigt, erlangt es zunächst als Wahrnehmung über die Sinne, mit denen es ebenfalls physikalisch direkt verbunden ist. Der Erkenntnisursprung zu Gedanken bei denen beispielsweise Humanität, Vernunft, Glaube und Barmherzigkeit von tragender Bedeutung sind, kommt von der Seele, die hierbei vorausgesetzt werden muss. Denken ist ein Zusammenführen von Erkenntnissen in eine Struktur, sodass sich die daraus entstehenden Gedanken für ein bestimmtes Handeln dienlich erweisen. Beim Ergebnis von Gedanken, sprechen wir auch von Intelligenz. Erkenntnis selbst ist nicht zwingend zugleich ein Impuls zum Denken. Über eine Erkenntnis lässt sich staunen, freuen oder auch traurig werden. Bei einer Erkenntnis müssen wir uns zu ihr ein Bild machen, wenn wir nicht möchten, dass sie verlorengeht.
Wir Menschen haben ein ansehnliches Maß an Intelligenz erworben, die wir uns zunutze machen. Dabei haben wir unser Umfeld technisiert, eine entsprechende Infrastruktur geschaffen, Bildungseinrichtungen kreiert, sogar den

Weltraum haben wir erobert. Mittlerweile gestehen wir unseren Verwandten; den Tieren, wenn auch nur zu einem gewissen Grad, Intelligenz, soziales Verhalten sowie Barmherzigkeit zu. Tiere weisen beim genauen Hinschauen erstaunliche Fähigkeiten auf, Fähigkeiten bei denen wir uns im Vergleich auch öfter hintenanstellen müssten. Für alles was Tiere in ihrem Verhalten in unsere Nähe bringt, haben wir das Wort Instinkt erfunden. Mit dem, was diesem Wort an Bedeutung vorgegeben wurde, war die Logik kreiert, den Tieren ein Bewusstsein abzusprechen. Aufgrund von Beobachtungen ist unschwer zu erkennen, dass Tierdarstellungen als Seelenlose instinktgesteuerte Geschöpfe unzutreffend sind. Dies sei an ein paar Beispielen aufgezeigt:

So schützen sich Köcherfliegenlarven vor Fressfeinden mit einer sich selbst umbauten Schutzhülle aus kleinen Steinchen oder Pflanzenteilchen. Dieses zu bewerkstelligen ist eine komplexe Abhandlung, die nicht mit dem angeborenen Saugreflex eines Kindes in Vergleich gebracht werden kann. Komplexer ist die Fortpflanzung der Schlupfwespe. Sie benutzt für ihre Eiablage einen Wirt. So lähmt sie zunächst eine Spinne, injiziert des Weiteren in diese einen Stoff, mit dem sie die Spinne für die Belange ihres Nachwuchses umprogrammiert. Anschließend legt sie mit dem gleichen Stachel ein Ei in die Spinne. Nachdem die Lähmung der Spinne vorüber ist, beginnt sie ihr Netz umzubauen. Die Spinne bringt sich so buchstäblich in eine vorgegebene Lage, wobei sie nur noch die Aufgabe als Speisekammer für die Raupe der Schlupfwespe zu erfüllen hat. Neben der komplexen Abhandlung stellt sich die Frage, was genau die Spinne veranlasst, ihr Netz nach Bedarf der Wespe umzubauen. Es dürfte weniger der Stoff

selbst sein, den die Wespe injiziert, sondern entsprechende Information, welche sich darauf bzw. darin befindet. Das sich hier Intellekt zeigt, dürfte wohl unstrittig sein. Einen vergleichbar größeren Umfang an Intelligenz bei Tieren zeigt sich bei: Hunden, Affen, Oktopussen, Delphinen, Rabenvögeln, sogar Schweinen. Gerne wird das Ausloten von Intelligenz bei Tieren mit Belohnung durch Fütterung kombiniert. Oktopusse zeigen sich dabei fähig, komplizierte Aufgaben zu lösen. Beobachtet man Oktopusse in ihrem natürlichen Umfeld zeigt sich, dass sie vorausschauend denken können. Ein Oktopus der sich überwiegend aus Weichteilen darstellt, ist ein leicht verletzbares Wesen. Wie nicht anders zu erwarten versucht er dies mit Hilfe von Intelligenz auszugleichen. Ihm gelingt es durch seine Wendigkeit sich in eigentlich uneinnehmbare Spalten zurückzuziehen, sich somit vor Angriffen zu schützen. Dagegen ist er unterwegs meist schutzlos. Gelegentlich ist zu beobachten, dass ein Oktopus, wenn er unterwegs ist eine Muschelhülle mit sich führt. Sieht er sich unmittelbar in Gefahr, zieht er sich unter oder in diese Hülle zurück.
Delphine sind für ihre gute Kommunikationsfähigkeit mit Menschen bekannt. Dies gilt nicht nur für die Erwartungshaltung des Menschen. So wurde beobachtet: Delphine, die sich in einer bedrohlichen Lage befanden, wendeten sich hilfesuchend an Menschen. Ein Beispiel hierfür ging durch die Medien. Ein Delphin, der sich mit einer Schnur zwischen Flossen und Rumpf verfangen hatte, wobei an dieser Stelle ein Einschneiden drohte, wendete sich unmissverständlich hilfesuchend an einen Taucher. Er zeigte sich entsprechend passiv bei seiner Befreiung von der besagten Schnur. Rabenvögeln wird ebenfalls ein außergewöhn-

liches Maß an Intelligenz bescheinigt. Das diese Vögel mit beispielsweise einer Walnuss in gewisse Höhe fliegen, um sie auf eine harte Fläche fallen zu lassen, wobei sie aufbricht, ist bei diesen Vögeln keine Besonderheit. Vögel dieser Gattung fertigen auch Werkzeuge an, um an gewünschte Nahrung zu kommen. Auch dünnes Metall für solchen Zweck zurechtzubiegen konnte beobachtet werden.

Zwischen Hund und Mensch hat sich eine soziale Beziehung besonderer Art entwickelt. Es wäre erschöpfend zu berichten, was alles hierbei inbegriffen ist. Das gesamte Wesen eines Hundes ist zu einem beachtlichen Anteil rassebedingt. Border Collies gelten als besonders gelehrig. Ein Hund ist neben dem, dass er sich als Freund erweist: Hüter, Bewacher, Retter und Begleiter mit diversen Aufgaben inbegriffen. Besonders ist die Treue der Hunde hervorzuheben. Diese Treue zeigt sich in einem Spruch, der dem heiligen Franz von Assisi zugesprochen wird.

Daß mir der Hund das Liebste sei,
sagst du, o Mensch, sei Sünde?
Der Hund blieb mir im Sturme treu,
der Mensch nicht mal im Winde.

Die Liste der Tiere wird beim entsprechenden Hinschauen lang, wobei wir beispielsweise Intelligenz und Einfühlungsvermögen erkennen können. Einfühlungsvermögen allein macht bekanntlich wenig Sinn. Entsprechend zu handeln ist wohl angesagt. Dies geht bei entsprechenden Beobachtungen über Brutpflege und soziales Verhalten innerhalb der eigenen Art hinaus. Beispielgebend hierfür eignen sich Buckelwale. So wurden diese dabei beobachtet, wie sie Robben vor Orcas schützen, sogar auf sich tragend in Sicherheit gebracht haben. Bei solchen Aktionen taten sich auch ganze Walgruppen zusammen. Wo sei das Wort Barmherzigkeit noch besser angebracht als bei solchem Tun? Ein anderes Beispiel an Einfühlungsvermögen ist bei Schimpansen zu beobachten. Auch bei Schimpansen wendet man bei Versuchen gerne Lieblingsspeisen an, als Belohnung oder auch anderes. Sieht ein Schimpanse sich dabei benachteiligt, beginnt er bei dieser anhaltenden Benachteiligung laut und heftig zu protestieren. Andererseits: Sieht er sich gegenüber einem Artgenossen bei der Dauer eines Versuchs anhaltend bevorzugt, wobei sein Artgenosse mit buchstäblich weniger beliebtem abgespeist wird, verweigert er die Annahme dessen, was ihn bevorzugt. Solche Beispiele zeigen, dass auch Tieren Gerechtigkeit nicht fremd ist. Es zeigt sich, Tiere reagieren auch mit Solidarität, wobei wir dies meistens nicht so wahrnehmen.

Bei genauem Beleuchten ist für uns Intelligenz das, was uns durch nachdenken zu etwas befähigt oder zu erschließen ermöglicht. Für uns ist Intelligenz unmittelbar an Gehirn gekoppelt. Ein Schleimpilz ist ein Wesen; das als Pilz bezeichnet wird, jedoch weder Pilz noch Pflanze oder Tier ist. Der Schleimpilz ist mit bis zu mehreren Quadratmeter Größe der größte bekannte Einzeller. Er lebt überwiegend in Wäldern, wobei er sich ausschließlich von Biomasse ernährt. Den ersten Kontakt mit einem Schleimpilz hatte ich vor mehreren Jahren in einem Raum mit hoher Luftfeuchtigkeit. Diesen Raum hatte ich schon länger nicht mehr aufgesucht. Ich war sehr erstaunt, als ich den Boden mit etwas Gelbem von mehreren Quadratmetern überzogen sah. Erst nach längerer Recherche erfuhr ich, dass dies ein Schleimpilz sei. Schleimig wirkte er jedoch nicht auf mich, eher samtig. So erfuhr ich auch, dass ein Schleimpilz eine längere Trockenphase übersteht. Ein Schleimpilz stülpt sich über seine Nahrung, wozu auch Pilze zählen und verzehrt sie. Macht man eine Aufnahme vom Schleimpilz und schaut sie sich im Schnelllauf an, stellt man fest, dass er pulsiert. Bietet man durch Auslegen dem Pilz mehrere Futterquellen an, überzieht er das gesamte Areal, zieht sich dann bis auf die Hauptverbindungen wieder zurück. Die Hauptverbindungen stellen die kürzeste Strecke dar. Auch hier ist erkennbar, dass die Natur nicht verschwenderisch ist. Diese Verbindungen schauen aus und fungieren wie Adern. Legt man dem Schleimpilz verschiedene sogenannte Futterarten aus, verzehrt er von jedem den Anteil den er benötigt, stellt sich so sein Menü zusammen. Der Schleimpilz pulsiert nicht nur seitlich, auch in die Höhe. Seine Adern sind die Informationsverbindung. Bei Nahrungsmangel teilt sich der Pilz zu mehreren Pilzen auf, wonach jeder sich separat auf Nahrungssuche begibt. Soweit sie überleben, fügen sie sich wieder zu einem Schleimpilz zusammen. Dabei bilden sich die einzelnen Informationen zu einer Gesamtinformation. Schleimpilze zeigen, dass sie sich erinnern können, sie haben ein Gefühl für zeitliche Abstände.

Obwohl der Schleimpilz ein Einzeller ist, ähnelt seine Struktur der eines Gehirns. Die Frage, ob der Schleimpilz aufgrund seiner Fähigkeiten denken kann, muss nicht abwegig sein.

Wie schon beschrieben, ist nicht akzeptabel, dass nur Menschen sozusagen mit einer Seele ausgestattet sind. Obwohl dieses Kapitel nicht der religiösen Thematik zugedacht ist darf gesagt werden:

Im Anschluss an die Schöpfung ist zu lesen:

1.Mose 1,29-30 (*Urtext der Vulgata*) *„Und Gott sprach: Sehet, ich habe euch alle samentragende Pflanzen auf Erden, und alle Bäume, die in sich selbst den Samen ihrer Art tragen, gegeben, dass sie eure Nahrung seien; und allen Tieren der Erde, und allen Vögeln des Himmels, und allen, was sich auf Erden regt, und was beseelt ist, damit sie Nahrung haben. Und es geschah so."*

Mit dem umschließenden Zusatz: *„und was beseelt ist"* wurde allem Lebendigen eine Seele zugesprochen. Nach dem Allgemeinverständnis wird eine Seele als etwas verstanden, dass dem Körper zugegeben ist. Wie hier schon beschrieben, ist die Seele, sofern man an sie glaubt das primäre. Sachlich gesprochen: Den Körper haben wir auf Zeit, er ist mit der Seele verschränkt. Jedoch ist diese Verschränkung auf die Möglichkeiten die sich mit der Wesenseigenschaft des Individuums ergeben, beschränkt. Folglich ist die Größe einer Seele nicht durch das Individuum, mit dem sie verschränkt ist bestimmt. Durch Eigenschaften wie; Humanität, Vernunft, Glaube, Barmherzigkeit und Charakter lässt sich Seelengröße vermuten.

Unser irdisches Sein, womit alles Leben einbezogen ist, beruht schlicht und einfach auf Erleben. Dieses Sein wird letztendlich durch seine Seele getragen und gelenkt. Wir können sagen: „Wir erleben, also sind wir."

Ursprung des Seins und die Frage nach Gott.

Damit ist die Frage gestellt, woraus die Seele entspringt, soweit diese Formulierung überhaupt zutreffend sein kann. Meine Sicht auf die Dinge und was sich wohl dahinter befindet, hat sich seit dem 16. Juni, einem Sonntag, soweit verändert, dass in Bezug meiner Weltanschauung ein Paradigmenwechsel (*Paradigma: Eine grundsätzliche Denkweise bezüglich der Weltanschauung*) stattgefunden hat. Angefangen hat dies mit dem Büchlein aus der Felsspalte. Mit den anschließenden Gesprächen wurde für mich die Sicht in einen Bereich frei, wozu mir zuvor jegliche Grundlage fehlte, um mir davon ein Bild zu machen. Alles was über ein Begreifen hinausging, war mit dem Wort Glaube belegt. Obwohl ich mich nicht sonderlich weit bewegt hatte, kommt es mir vor, als hätte ich mich auf einer Reise befunden. Dabei ist es auch zutreffend, was der Dichter Matthias Claudius (*1740 -1815*) am Anfang in einem von ihm verfassten Gedicht sagt: „*Wenn jemand eine Reise tut, so kann er was erzählen…*" Wenn jemand etwas zu erzählen hat, besteht meistens auch ein gewisser Drang dazu. Bei mir war dies wohl auch nicht anders. Es war ausschließlich bei alltäglichen Gesprächen, wobei ich glaubte, mit dem was ich erfahren durfte beitragen zu können. Mir wurde sehr schnell klar, dass der einzige Effekt den ich damit auslöste darin bestand, dass dadurch die Unterhaltungen in ihrem Fluss ins Stocken kamen. Es ging nur ganz selten jemand auf das ein, womit ich glaubte beitragen zu können. Mir ging es dabei nicht darum, ein vermeintliches Wissen an den Tag zu legen. Ich erwartete dabei eher Gegenargumente, durch die man, gleich welche Aussage sich dabei durchsetzt, in erster Linie dazulernen kann.

Angesichts der Desinteressiertheit die ich erfahren habe, musste ich an das denken, was Antoine de Saint-Exupéry eingangs in seinem Büchlein „Der kleine Prinz" (*Ein modernes Märchen*) dargestellt hat. Hier zeigt Exupéry eine Zeichnung, die er mit sechs Jahren angefertigt und ausgemalt hatte. Sie sollte eine Riesenschlange darstellen, die einen Elefanten verschlungen hatte. Als er sein kleines Kunstwerk den Erwachsenen zeigte, hielten diese die Riesenschlange mit der Silhouette des darinstehenden Elefanten für einen Hut. Als Exupéry danach den Elefanten in die Riesenschlange hineinzeichnete, riet man ihm mit dem zeichnen von offenen oder geschlossenen Riesenschlangen aufzuhören, und sich Sinnvollerem zu widmen.

Auch ich sehe mich -*symbolisch betrachtet*- manchmal dabei, offene wie auch geschlossene Riesenschlangen zu zeichnen.

Ich dachte zwar öfter an diese Frage, die ich mittlerweile zu meiner Frage gemacht hatte, doch es dauerte etwas mehr als eine Woche, bis ich mich ernsthaft und konsequent an diese, meine Frage heranwagte.

Religion bedeutet: Zurück zum Anfang! Bei diesem „Zurück zum Anfang" ist eine Sicht ins Transzendente geöffnet. Transzendenz wird bekanntlich nicht im Bereich von Realität (*dinglich*), sondern im Bereich der Wirklichkeit beschrieben. Nachdem ich mich eingehend mit dieser Thematik befasst hatte, leuchtete mir ein, obwohl Einstein einen persönlichen Gott ausschloss, und Heisenberg diese Frage an eine Bedingung knüpfte, dass diese Beiden als religiös zu bezeichnen sind. Eigentlich bedeutet Religion doch einfach, das Transzendente als gegeben zu betrachten. Damit ist alles, was sich auf der Suche nach der Herkunft seines Seins befindet, als religiös zu deuten. Es versteht sich dabei von selbst, niemanden pauschal, sowie vorschnell als atheistisch zu bezeichnen.

Für mich ist von Bedeutung, was Werner Heisenberg bei der Frage nach Gott, die von Wolfgang Pauli an ihn gerichtet wurde, in seiner Antwort in unser Sein hineininterpretierte: »………*wie dies bei der Seele eines anderen Menschen möglich ist? Ich verwende hier ausdrücklich das so schwer deutbare Wort -Seele-, um nicht missverstanden zu werden*«. Hier sehen wir, auch für Werner Heisenberg, der als Begründer der Quantenmechanik gilt, ist die Seele existent. Was allgemein als persönlicher Gott aufgefasst wird, benennt Heisenberg als „zentrale Ordnung," dem doch eigentlich nicht zu widersprechen ist. Wollen wir dennoch diese Formulierung als nicht vollkommen bezeichnen, müssen auch wir bereit sein unser Gottesbild dagegen auf den Prüfstand zu stellen. Mit der Bezeichnung: „Persönlicher Gott," glauben wir sozusagen Gott umfangreich benannt zu haben. Aus der Logik heraus kann es einen persönlichen Gott nicht geben. Persönlich setzt eine Person voraus. Gott ist Geist, aus dem aller Geist und somit alles Geistige hervorgeht. Eine Person ist an einen bestimmten Ort festgelegt, bzw. festlegbar. Geist ist dort, wo es weder Raum (*Ort*) noch Zeit gibt. Genau genommen darf es in dieser Beschreibung das Wort „dort" nicht geben, weil es einen Ort angibt, den es ja im Geistigen nicht geben kann bzw. geben soll. Bei unserer Suche nach dem Ursprung unseres Seins, wobei wir bei Gott angekommen sind, scheinen uns nur Steine in den Weg gelegt zu sein. Die Schöpfungsgeschichte ist alles andere, als eine naturwissenschaftliche Beschreibung, mit der wir etwas anfangen können. So empfiehlt es sich beispielsweise dort zu suchen, wo ein direkter Kontakt zwischen Gott und Mensch stattgefunden hat.

Bei Moses II 20 / 3-6 lesen wir zehn Empfehlungen von Gott an uns Menschen. Diese Empfehlungen sind allgemein als die „Zehn Gebote" bekannt. Diese Gebote gab Gott in dieser Erzählung auf zwei Steintafeln Moses, womit dieser sein Volk, das Volk Israel, welches sich auf der vierzigjährigen Wüstenwanderung befand unterweisen sollte. Die ersten drei Gebote auf der ersten Tafel, beziehen sich auf die Beziehung Gottes zu den Menschen. Die anderen sieben Gebote: Gebot 4 – 10 beziehen sich auf die Beziehung der Menschen zu ihren Mitmenschen.

Gleich das erste Gebot:

3) *„Du sollst keine anderen Götter neben mir haben.*

4) *Du sollst dir kein Bild machen, noch ein Gleichnis von etwas, was im Himmel oben, oder auf der Erde unten, oder was im Wasser unter der Erde ist.*

5) *Du sollst sie nicht anbeten, noch verehren; ich der Herr, dein Gott, bin ein starker und eifernder Gott, der die Sünden der Väter an den Kindern heimsucht bis ins dritte und vierte Geschlecht derer, die mich hassen;*

6) *und Barmherzigkeit bis ins tausendste Glied denen erweisen, die mich lieben und meine Gebote halten. "*

Dieses Gebot bedeutet in Kurzfassung: Wir sollen uns von Gott kein Bildnis machen und dieses anbeten. Hiermit ist kein Bild und auch keine Skulptur im herkömmlichen Sinn gemeint. Auch ein Gleichnis von etwas aus dem Irdischen ist nicht für ein Gottesbild geeignet. Hierbei ist erkennbar, mit dem besagten Bildnis und Gleichnis (*im Gebot*) ist ein gedankliches Bild gemeint, welches uns eine Vorstellung von Gott nicht vermitteln kann. In der hebräischen Bibel lautet der Eigenname für Gott: JHWH. Dieses Wort ohne Selbstlaut ist unaussprechlich. Dies soll bedeuten: So unaussprechlich, wie der Eigenname Gottes für uns ist, so unbegreiflich ist für uns Gott selbst. JHWH wird im Judentum durch die aussprechbaren Namen: Adonai, Elohim oder HaSchem ersetzt und ausgesprochen.

Mit der Bezeichnung zentrale Ordnung, hat Werner Heisenberg eine wichtige Eigenschaft Gottes benannt, ohne diese Ordnung wäre die Schöpfung nicht verlässlich. Das was als Ordnung in Bezug auf Gott bezeichnet wird, bezieht sich auch auf das Geistige.

Das Gebot, sich kein Bildnis von Gott machen zu sollen mag damit begründet sein, Gott in seiner gesamten Gottheit nicht auf das menschlich Vorstellbare zu reduzieren. Damit ist zugleich inbegriffen, dass wir uns nicht mit einem durch unsere Vorstellung reduzierten Gott zufriedengeben sollen. Bei seiner ersten Begegnung mit Gott am brennenden Dornbusch, Mos. II 3 / 13-14 antwortet Gott auf die Frage nach seinem Namen: »*Ich bin der ich bin.*« Damit schien wohl für diesen Zeitpunkt alles gesagt.

Auch Benennungen und dergleichen unterliegen zeitlichen Veränderungen, wobei deren Sinn uminterpretiert, sowie auch verlorengeht, dies sogar mit fatalen Folgen. Ein bekanntes Beispiel soll solches deutlich machen.

Das Grabmal von Papst Julius II. ein Scheingrab, ausgeführt von Michelangelo mit seinen Gehilfen, beinhaltet in dessen Mitte eine Statue die Moses darstellt. Diese Statue weist nach heutiger Betrachtung eine Besonderheit auf. Moses ist dabei mit zwei Hörnern auf seinem Kopf dargestellt.

Dieses Darstellungsdetail kam durch einen Übersetzungsfehler aus der Grammatik zustande. Als Moses mit den zwei Gesetzestafeln vom Berg Sinai abgestiegen war, sah das Volk Israel, dass er strahlte. Dieses Strahlen, wie es auch immer zu deuten sein mag, wird durch seine Nähe zu Gott begründet. In der besagten Übersetzung wurde dieses Strahlen mit „behornt" beschrieben. Hiermit ist begründet, warum Moses hierbei und auch anderswo teils mit Hörnern auf seinem Haupt dargestellt ist.

Der Ursprung allen Seins kommt aus dem Geistigen, welches aus dem einen, unaussprechlichen und für uns unbegreiflichen Geist hervorgeht. Das Primäre unseres Seins ist das Geistige, die Seele, mit der unser Körper auf Zeit verschränkt ist. Mit dem, dass unsere Seele aus dem einen Geist hervorgeht, wird der Ursprungsgeist nicht weniger. Dies sei damit erklärt, weil Geistiges nicht den physikalischen Gesetzen unterliegt. Das was hier als Seele bzw. Geistiges dargestellt ist, wird von Menschen welche dem Materialismus zusprechen als Energie, bzw. als Ergebnis von Hirntätigkeit erklärt.

Die eigentliche Frage zum Thema: *„Ursprung des Seins und die Frage nach Gott"* besteht wohl darin: Gibt es nach diesem Erdendasein ein Danach, wobei wir uns bewusst wahrnehmen und auch erkennen. Die Materialisten verneinen dies. Für sie besteht und erschöpft sich alles in und mit der Materie. Bei ihren Erklärungen zum Danach wie sie es auffassen, wird fast immer das Wort Energie genannt. Sie berufen sich auf den Energieerhaltungssatz, wonach sich die Energie in einem geschlossenen System nicht ändert. Wenn man den Materialisten glauben soll, wird das was uns als Wesen ausmacht nach einem Ableben freigesetzt und letztlich an das Universum abgegeben. Genau so habe ich dies unlängst in einer Diskussionssendung im TV vernommen. Beim Ableben eines Individuums entweicht physikalisch nichts von demselben. Bezüglich zum Transzendenten entweicht auch die Seele nicht. Lediglich ist die Seele nicht mehr mit dem Individuum verschränkt. Der Grund für das nicht entweichen der Seele besteht darin, im Geistigen, wo die Seele beheimatet ist, gibt es bekanntlich keinen Raum, damit auch keinen Ort wo sie sich hinbegeben soll. Da wir aber in Menschenbildern sprechen sagen wir, dass die Seele den Körper verlässt.

Was uns auf ein Danach hoffen lässt…. Dies ist zunächst eine Frage, die nur jeder für sich beantworten kann. Wir müssen zugleich an das glauben, worauf wir zu hoffen wagen, dabei ist Vertrauen unverzichtbar. Vertrauen kommt nicht von selbst, wir müssen uns auf das Anstehende zu einem gewissen Maß einlassen.

Wer zur Frage über ein Danach nicht dem Materialismus, der ein Danach insoweit ausschließt, wonach lediglich von unserem Sein ein zielloses Energiefeld im All zurückbleiben soll, wobei offen ist worauf dieses Energiefeld gründet; zusprechen will, bzw. kann, hat die Möglichkeit sich in der Religion zu orientieren. Hierfür ist die Religion ansprechend, die vom biblischen Stammvater Abraham ausgeht, welche den Ein-Gottglauben propagiert. Ein Gott und ein einheitliches Naturgesetz im gesamten Universum macht Sinn.

Vieles was gemäß den Schriften von Gott ausgeht, erschließt sich nicht unserem Verständnis. Um diesem dennoch näher zu kommen, ist Hermeneutik zu betreiben von Hilfe. Der Begriff Hermeneutik geht auf den Götterboten Hermes aus der griechischen Mythologie zurück, der die Weisungen des obersten olympischen Gottes Zeus den Menschen überbrachte.

Bibeltexte bzw. religiöse Texte wurden nur ungern an die Sprachentwicklung angepasst. Damit sind Fehlinterpretationen vorprogrammiert, weshalb die besagte Hermeneutik von Nöten ist. So sind die biblischen Speisegesetze, deren Sinn fraglich erscheint, oft nur mit dem Tierwohl begründet. Fleisch nicht mit dem Blut essen bedeutet, nicht nach

Art von Wildtieren, sondern achtsam mit Tieren umgehen.
Aus gewissen Fehlinterpretationen heraus sind so entsprechende Vorschriften mit entsprechenden Ritualen entstanden. Ein klassisches Beispiel von Fehlinterpretation aus dem religiösen Bereich sei hier aufgezeigt: Das was wir Hochdeutsch nennen, hat sich erst im Zusammenhang mit der Übersetzung der Bibel durch Martin Luther entwickelt. Für die Verbreitung der neuen Sprache waren Martin Luther und die Gebrüder Grimm maßgebend. Zuvor wurden im ganzen Land ausschließlich die jeweiligen Dialekte gesprochen. In meiner Heimat war bzw. ist dies wie schon beschrieben, der moselfränkische Dialekt. In diesem Dialekt gibt es ein Wort, dessen Ursprung nur noch ganz wenige kennen. Dieses Wort lautet: ›*Majusebetta.*‹
Seinen Ursprung hat dieses Wort mit dem Beginn der Marienverehrung im moselfränkischen Gebiet, wobei als dessen Zeitraum das 9. bis 11. Jahrhundert angenommen werden darf. Bekanntlich war und ist das Moselfränkische sparsam an Wort und Silbe. Majusebetta ist zu übersetzen mit: ›*Maria und Josef bittet*‹. Dieses Bittgebet galt in seinem Wortlaut als unantastbar, also nicht zu verändern. Dadurch, weil es nicht in die jeweilige Zeit angepasst wurde, wird dieses Wort „Ma-Juse-betta" auch heute noch als ein Wort ausgesprochen, wobei es durch das nicht angepasst sein im Lauf der Zeit unkenntlich geworden ist. Heute wird dieses Majusebetta als ein Beiwort ausgesprochen, welches eine bestimmte Situation andeutet bzw. unterstreicht. Dazu bleibt anzumerken, dieses Majusebetta wird nach Situation unterschiedlich betont. An der Betonung ist die Situation, aus der heraus dieses Wort ausgesprochen wird erkennbar.

Nicht nur Zeus hatte ein Bote, auch der Gott Abrahams, woraus das Judentum, das Christentum und zuletzt der Islam entstanden sind, hat Boten. Dieses sind die Engel und die Propheten. Nach dem christlichen Glauben, hat dieser Gott zuletzt Jesus, seinen Sohn zu den Menschen gesandt. Betrachten wir die Geschichte von Abraham bis Jesus, so erkennt man auch Gemeinsamkeiten zur Transzendenz und Quantentechnik.

In der Bibel wird oft vom Segnen berichtet. Wir kennen das Segnen eher als ein Ritual. Segnen heißt lediglich: *„Gut zusprechen."* Der eigentliche Segen ist das, was der Segnende wünscht und zuspricht. Nun könnte man sagen, dass dieses *„gut zusprechen"* eine reine Glaubensangelegenheit sei, wobei keinerlei Effekt von irgendetwas abzuleiten ist. Das dem nicht so ist, kennen wir wie schon berichtet aus der Quantenphysik, wobei schon das Beobachten Einfluss auf die Materie hat, was Einstein zu der polemischen Frage veranlasste, ob der Mond dann auch da sei, wenn keiner hinsieht.

Nach Dr. Rustum Roy ist wie schon berichtet, Wasser der größte Erinnerungsspeicher. Wenn dem so ist, nimmt Wasser auch Emotionen auf. Da unser Körper größtenteils aus Wasser besteht, dürfte die Annahme, dass *„gut zusprechen"* auch einen direkten Einfluss auf uns ausübt, nicht abwegig sein.

Auch Wasser selbst ist in der Religion von besonderer Bedeutung, wie Beispielsweise bei der Taufe. Am Jakobsbrunnen (Joh. 4,6-15) spricht Jesus mit der Samariterin von lebendigem Wasser. Gleich wie dies zu deuten ist: Wasser ist wandelbar, bleibt trotzdem in seinen Bestandteilen H_2O.

Ohne die Erkenntnisse der Quantenphysiker gäbe es den Fortschritt nicht, dessen Ergebnis wir heutzutage für selbstverständlich erachten. Aus diesem Fortschritt heraus sind Produkte entstanden, die 30 % der heutigen Weltproduktion ausmachen, welche es ohne dies heute so nicht geben würde. Leider scheint diese Tatsache nicht in der Allgemeinbildung angekommen zu sein.

Was die Atomforschung angeht, äußerte sich Werner Heisenberg zu deren Konsequenzen, an die man dabei denken sollte. Er war der Überzeugung, dass die Philosophische Konsequenz daraus auf lange Sicht mehr verändern würde, als die technische Konsequenz. Er dachte dabei auch an das Verhältnis Naturwissenschaft zur Religion.

Zum Verhältnis Naturwissenschaft zur Religion sagte Max Planck folgendes: *"Religion und Naturwissenschaft, sie schließen sich nicht aus, wie manche heutzutage glauben oder fürchten, sondern sie ergänzen und bedingen einander. Wohl den unmittelbarsten Beweis für die Verträglichkeit von Religion und Naturwissenschaft auch bei gründlich; kritischer Betrachtung bildet die historische Tatsache, dass gerade die größten Naturforscher aller Zeiten, Männer wie Kepler, Newton, Leibniz von tiefer Religiosität durchdrungen waren."*

Für ein Weiterleben nach dem Erdendasein, spricht neben einer Nahtoderfahrung auf dieser Ebene ein weiteres Indiz. Das sich der Sterbeprozess auch im Blickfeld der Forschung befindet ist nicht neu. So konnte bei Sterbenden eine gewisse Anomalie beobachtet werden. Bei Sterbenden sinkt bekanntlich die Hirntätigkeit mit der Zeit auf null. Dabei konnte eine Besonderheit festgestellt werden. Zu einem gewissen Zeitpunkt, der als Moment des Todes anzusehen ist, wurde ein Peak verzeichnet, womit ein bedeutender Spitzenwert beschrieben wird. Dieses punktuelle Auftreten von enormer Hirntätigkeit, in einem Moment in dem das Sein in Transzendenz übergeht, kann nicht ohne eine entsprechende Ursache erfolgt sein. So kann diesem Moment nur eine ebenso enorme Wahrnehmung zugeschrieben werden. Neben der Wahrnehmung über das Nervensystem, unsere Sinne gibt es die Wahrnehmung aus dem Transzendenten, bei der wir uns schwertun diese in Worte zu fassen. In unserer Sprache zu sprechen sei die Frage erlaubt: Was sehen Sterbende, wodurch sich am Ende eines Sterbeprozesses, die bei null angekommene Hirntätigkeit, wenn auch nur für einen kurzen Moment mit einem Spitzenwert zurückmeldet?

Wer zum Glauben an ein Leben nach dem irdischen Dasein gefunden hat, versucht sich ein Bild zu dem zu machen, was dann sein wird. Eine zentrale Frage ist dabei, die Frage nach Gott. Diesen Gott stellen wir uns als ein erfahrbares Gegenüber vor, wie dieses Vorstellen auch immer gedacht sein mag. Es obliegt der Theologie zur Glaubensfindung beizutragen. Max Planck sagt: *»Gott steht für den Gläubigen am Anfang für den Physiker am Ende allen Denkens."* In Genesis 1.31 ist zu lesen: *»Und Gott sah alles, was er gemacht hatte, und es war sehr gut.«*

Hierbei ist das Wort ›war‹ von Bedeutung, *»…und es war sehr gut.«* Wenn wir der Darstellung in der Genesis glauben, gab es am Anfang weder Leid noch Tod, somit auch keine Vergänglichkeit. Im Bereich der Materie gehört die Vergänglichkeit zu den physikalischen Gegebenheiten, wobei auch das physikalische Dasein dieser zuzurechnen ist. *»…und es war sehr gut.«* Das konträre von *gut* ist *böse*.

In der Theologie wird das Böse als Sünde bezeichnet. Dort bedeutet Sünde; sich der Ordnung zu widersetzen. Gleich wie in der Naturwissenschaft die Quantenphysik sich als Physik der Möglichkeiten versteht, so ist in der Geisteswissenschaft die Theologie ebenfalls als Wissenschaft der Möglichkeiten zu verstehen.

Nach der Beschreibung in Genesis 3,1-24 ist durch die Sünde der Tod in die Welt gekommen. Im Dasein in Materie, wie wir sie kennen, ist der Tod unausweichlich. Da erst durch die Sünde, sprich Unordnung, der Tod in die Welt gekommen sein soll, tut sich die Frage nach der Materie auf, die erst den leiblichen Tod ermöglicht. Hans Peter Dürr, der Materie als *„geronnener Geist"* bezeichnete sagte hierzu: »*Im Grunde gibt es Materie gar nicht. Jedenfalls nicht im geläufigen Sinne. Es gibt nur ein Beziehungsgefüge*«. Hierbei hat Hans Peter Dürr die unterste Stufe der Materie gemeint, dass, womit Materie beginnt. An dieser Stelle bietet sich die philosophische Frage an: Hat sich die Schöpfung mit den entsprechenden Naturgesetzen durch Geist, zunächst ebenfalls im Geistigen vollzogen, sodass es die Materie wie sie sich uns zeigt noch nicht gab? Hat sich diese Materie erst durch das gebildet, was sich in physikalischem Sinn als Spannkraft, erzeugt durch die Diskrepanz zwischen Gut und Böse bezeichnet werden kann, geronnener Geist, wie dies Hans Peter Dürr bezeichnete? Mit dieser Materie ist jedoch die essenzielle geistige Struktur nicht aufgehoben, geht damit auch nicht verloren. Mit unserem Sein an Materie gebunden, ist Zeit, Schmerz, psychisches Leid und letztlich der Tod entstanden.

Für die einen ist der Tod das unabwendbare Ende des Seins, für die anderen bedeutet er den Übergang in ein neues

Leben. Ein diesbezügliches Zitat von Sokrates lautet: „*Niemand kennt den Tod, es weiß auch keiner, ob er nicht das größte Geschenk für den Menschen ist. Dennoch wird er gefürchtet, als wäre es gewiss, dass er das schlimmste allen Übels sei.*"

Wie nach Math. 24,35-36 zu interpretieren ist, besteht auch die Materie nicht auf unendlich, sie soll demnach ebenfalls vergehen. Dieses Verfallsdatum sei ausschließlich dem Schöpfer bekannt.

, ... und erfüllet die Erde, und macht sie euch untertan.

Dieser Text aus 1.Moses 1,28 deutet zunächst auf großes Vertrauen, sowie Erwartung gegenüber dem Menschen. Nach heutigem Verständnis ist untertan gleichbedeutend mit Unterwerfung, wobei dem Unterworfenen die ihm von Anbeginn zugedachten Rechte oft abgesprochen werden. Zur Entstehungszeit des besagten Textes bedeutete untertan, etwas unter seine Fürsorge, sowie unter seinen Schutz zu stellen. Herrschen war das Privileg von Königen. Zur Zeit Davids war König und Hirte insoweit gleichbedeutend, der König war Hirte seines Volkes. Somit hatte auch herrschen nichts mit unterwerfen im Sinn. Damit hat auch der weitere Bibeltext: »...*und seid Herren über die Fische des Meeres, und über die Vögel des Himmels, und alle Tiere, die sich auf der Erde regen*« eine andere Bedeutung als das, was nach dem heutigen Verständnis angenommen wird. »... *und erfüllet die Erde*« bedeutet wohl, sich in die Schöpfung vollkommen mit einbringen. Hier ist Verantwortung für das Anvertraute angesagt. Es ist anzumerken, zu diesem Zeitpunkt, soweit man von Zeit sprechen kann, war die Welt noch heil. Der Tod war nicht präsent, auch das Töten von Tieren war nicht vorgesehen.

Der Schöpfungsbericht wie er uns vorliegt, ist nicht als historischer Bericht zu werten. Das Dargestellte deckt sich oft mit langfristigen Lebenserfahrungen, gepaart mit Weisheit. Diese Texte erschließen sich, indem wir sie als Gleichnis Rede verstehen. Sie entstanden aus dem Glauben an einen alleinigen Gott. Dieser Gottesglaube wurde durch das beflügelt, was auch mit Ahnung (*innerer Stimme*) beschrieben wird. Gleichnis Reden sind wohl dort anzuwenden, wo sich die besagte Wirklichkeit im Transzendenten befindet.

Als das, was wir als Schöpfung verstehen ins Dasein gerufen wurde, war wie schon erwähnt der Tod nicht vorgesehen. Alles was war, muss sich in transzendenter Dimension befunden haben, denn der Tod ist eine Folge der Vergänglichkeit. Das Vergängliche hat die Materie als Voraussetzung. Bis zur Neuzeit befand sich Religion und das was nach heutigem Verständnis der Naturwissenschaft zugeordnet ist, im gleichen Wissenskomplex. Der Religion stand kein konträres Wissen gegenüber. Dies begann sich wie schon beschrieben mit dem Wandel vom geozentrischen zum heliozentrischen Weltbild zu ändern. Doch diese Tatsache tat dem damaligen Glaubensverständnis keinen Abbruch. Das sich Religion und Wissenschaft zunehmend auseinanderbewegten, schien unaufhaltsam. Vieles was im sogenannten Alten Testament dargestellt ist, schien nicht mehr weiter als historische Darstellung aufrecht haltbar. Mit der Evolutionstheorie verstärkte sich die Diskrepanz zwischen Naturwissenschaft und Religion. Hiermit bildeten sich unüberwindbare Gräben mitten durch die Gesellschaft. Bis in die heutige Zeit besteht nach dem allgemeinen Verständnis die Auffassung, allein durch das Zusammenkommen von Materie in bestimmter Konstellation könne aus sich heraus Leben entstehen. Obwohl die Urknalltheorie sich im Status von Duldung zu befinden scheint, gilt sie bis jetzt als unangefochten.

Mit der Entwicklung der Quantentechnik, bzw. der Atomtechnik begann sich das Verhältnis Religion zur Naturwissenschaft zu relativieren. Bei dieser Annäherung wurde symbolisch gesprochen beidseitig auch gutes Porzellan zerschlagen. Wie dem auch sei, man kann sagen: »Die Wahrheit erschließt sich erst im Widerspruch«. Dieser Prozess wird wohl nie als beendet betrachtet werden können. Man kann ihn als der immerwährende Kampf zwischen Gut und Böse betrachten.

Den Religiösen unter den Physikern, wie: Max Planck, Albert Einstein, Pascual Jordan, Werner Heisenberg und Carl Friedrich von Weizäcker, um die deutschen zu nennen, wurde zunehmend bewusst, dass Religion und Naturwissenschaft auf Dauer nicht zu trennen sind. Mit der Quantenphysik, bzw. Atomphysik nahmen die beiden Worte „Gott und Geist" Einzug in die Sprache der Naturwissenschaft. Wenn wir es ernst damit meinen, dass Naturwissenschaft und Religion nicht weiter zu trennen sind, ist es unausweichlich sich mit dem Gottesbegriff auseinanderzusetzen. Diesbezüglich ist in der Westlichen Welt, jedoch nicht nur in der westlichen Welt die Gottesfrage mit der Jesusfrage verbunden. Mit dem wir uns dieser Frage zuwenden, halten wir nach dem was wir als Gotteserfahrung verstehen Ausschau. Bei dieser Ausschau sind wir eigentlich auf Wahrnehmung angewiesen, wobei dies eigene, sowie auch Wahrnehmungen Anderer sein können. Die Wahrnehmungen selbst können auf sinnlicher sowie auf geistiger Natur basieren. Mit geistiger Natur ist gemeint, was wir beispielsweise Ahnung nennen, die einen Wirklichkeitsanspruch besitzt.

In 2. Moses 34,29-35 wird berichtet, dass das Angesicht von Moses strahlte, als er mit den Gesetzestafeln vom Sinai zurückkam. Dieses Strahlen ist damit zu begründen, dass Moses Gott unmittelbar gegenüberstand, soweit man diese

Formulierung überhaupt anwenden kann. Ähnlich wurde von der Verklärung Christi auf dem Berg Tabor berichtet, hier heißt es: »*Sein Antlitz strahlte wie die Sonne und seine Kleider wurden weiß wie das Licht*«. Weiter wird berichtet, dass Jesus mit Moses und Elias über seinen nahestehenden Kreuzestod sprach, wonach auch Gottes Anwesenheit durch dessen Stimme erfahrbar wurde.

Zunächst betrachten wir solche Erzählungen als reine Glaubensangelegenheit. Nichts aus der Realität lässt sich mit dem vergleichen, wovon hier berichtet wird. Wenn wir die Quantenphysik in Augenschein nehmen, schaut es hierbei schon etwas anders aus. Bei dem Strahlen des Antlitzes von Moses und der Verklärung Christi wird dies auf die unmittelbare Nähe zu Gott zurückgeführt, die Nähe zu Gott in geistiger Dimension. Dabei reagierte sogar die Kleidung Christi auf die Gottesnähe. Bezüglich des Wellen-Teilchen-Dualismus in der Quantenphysik reagieren diese wie hier schon berichtet, auch auf das Geistige. Das dem so ist kann man daraus schließen: Bei der Quantenverschränkung ist die Lichtgeschwindigkeit nicht relevant, somit das was Einstein als spukhafte Fernwirkung bezeichnete, nicht auf eine physikalische Gegebenheit zurückzuführen. Beim Doppelspaltexperiment reicht schon das einfache Hinschauen aus, damit die Quanten vom Wellenzustand in den Teilchenzustand wechseln.

Ein weiterer Hinweis, dass Naturwissenschaft und Religion nicht weiter zu trennen sind, finden wir in Lukas 17,6. Dort lesen wir: »*Der Herr erwiderte: Wenn ihr Glauben hättet wie ein Senfkorn, würdet ihr zu diesem Maulbeerbaum sagen: Entwurzle dich und verpflanz dich ins Meer! und er würde euch gehorchen*«. Die Information, worauf die eigentliche Erbinformation bzw. die Vorgaben bezüglich des Wachstums im Senfkorn beruhen, ist von geistiger Natur. Diese Information wird hier als Glauben beschrieben. So könnte man hier weitere solcher Beispiele anfügen. Auch wenn wir in Matthäus 3,9 lesen: *»Denn ich sage euch: Gott vermag dem Abraham aus diesen Steinen Kinder zu erwecken«*, steht es uns nicht zu, von Übertreibung zu sprechen. Hierbei ist zu bedenken: Der menschliche Körper besteht aus den gleichen Elementarteilchen wie die Steine, wovon hier die Rede ist. Der einzige Unterschied besteht im entsprechenden Gefüge und dem Geist, der im Lebendigen innewohnt. Zum Verhältnis Wissenschaft zur Religion sagte einst Albert Einstein: *»Wissenschaft ohne Religion ist lahm, Religion ohne Wissenschaft blind«.*

, ... und erfüllet die Erde

Diese Worte deuten auf einen besonderen Auftrag, der unmittelbar mit dem Sinn des eigenen Lebens verbunden zu sein scheint. Dabei begehren wir eine Antwort auf die Frage bezüglich des Sinns unseres Daseins. Die Erfahrung hat gezeigt, dass eine Antwort, die wir glauben darauf gefunden zu haben, nur eine gewisse Zeit ihre Gültigkeit behält. Dies mag darin begründet sein, weil sich unser Leben in ständigem Wandel befindet. So kann es bei dieser vermeintlichen Unbeständigkeit vorkommen, dass wir oft in unserem Dasein keinen rechten Sinn mehr erkennen. Diesem können wir ausweichen, indem wir statt nach einem Sinn zu fragen, die Initiative ergreifen und selbst unserem Dasein einen Sinn geben. Trotzdem bleiben wir vor Enttäuschung und Schicksalsschlägen nicht bewahrt. Bei größeren Schicksalsschlägen fragen wir: Wo war Gott, konnte er das was geschah nicht verhindern? Besonders bei den

Betroffenen, oder eventuell den Hinterbliebenen helfen theologische Erklärungen kurzfristig kaum weiter, wir sehen uns einem unbegreiflichen Gott gegenüber. Erst die Zeit beginnt Wunden zu heilen, soweit sie heilbar sind. Um den unbegreiflichen Gott zu verstehen, soweit wie wir ihn mit unserer Vorstellungsmöglichkeit verstehen können, ist Hermeneutik angesagt, wie hier schon erwähnt von Nöten. Bekanntlich gründet Hermeneutik auf Götterboten. Im Christentum ist Jesus-Christus der Bote Gottes schlechthin. In Matthäus 13,34 ist von ihm zu lesen: *»Solches alles redete Jesus in Gleichnissen zu den Volksmengen, und ohne Gleichnis redete er nicht zu ihnen, ...«* Wie wir lesen, hat auch Jesus sich der Gleichnis Rede bedient, wenn er vom sogenannten Gottesreich (*Transzendenten*) sprach. Er selbst war auch allem ausgesetzt, wessen wir ausgesetzt sind, besonders dem was wir das Böse nennen. Auch als es den Tod noch nicht gab, war das Böse bereits existent. Das Böse hat mehrere Namen: Teufel, Satan, Versucher, Widersacher, Ankläger usw. Anfangs gab es das Böse nicht. In der Bibel ist nicht viel von dem, welches das Böse darstellt beschrieben. Das personifizierte Böse um es bildlich darzustellen, befand sich bevor es sich gegen Gott auflehnte, in der Schar der Engel. Ihr Anführer bei der Auflehnung gegen Gott hatte einen besonderen Rang, der von dessen Namen abgeleitet werden kann, Lucifer (*Lichtträger*). In Lukas 10,18 ist zu lesen: *»Ich sah den Satan wie ein Blitz vom Himmel fallen«*. Engel, aus deren Schar das Böse entstammt, sind Geistwesen. Somit ist das was wir als böse erleben, zunächst von geistiger Natur. Damit lässt sich sagen: Aus dem Transzendenten vernehmen wir sowohl Gutes, wie auch Böses. An uns liegt es, die Geister zu unterscheiden, was ist gut, und was ist nicht gut und dabei entsprechend zu handeln. Das dem Bösen Möglichkeiten gegeben sind, können wir in Lukas 22,31-32 lesen: »*Simon, Simon, siehe, der Satan hat begehrt, euch zu sieben wie den Weizen. Ich aber habe für dich gebetet, dass dein Glaube nicht aufhöre. Und wenn du einst bekehrt bist, so stärke deine Brüder*«. Das wir vor den Versuchungen in unserem Leben nicht abgeschirmt sind, ist wohl unserer Freiheit geschuldet. Beispielgebend ist ein Vogel in seinem schützenden Käfig. Er wird die Freiheit bevorzugen, sobald dieser sich öffnet.

.

Zunächst stellt man sich bezüglich einem Selbstanspruch ein Ideal vor Augen. Wem ein Verantwortungsbewusstsein nicht fremd ist, darf man einen entsprechenden Selbstanspruch unterstellen. Mit diesem Selbstanspruch erträumen wir uns eine Welt, die jedoch so eine ganz andere ist. Wie konnte dies geschehen? Lesen wir doch: »*Und Gott sah alles, was er gemacht hatte, und es war sehr gut.*«

Dem Auftrag: *.... und erfüllet die Erde* hat die Menschheit nicht entsprochen, eigentlich ins Gegenteil gekehrt. Zum einen: Die Ressourcen der Erde sind begrenzt, entsprechend leben wir die wohlhabenden Länder permanent über unsere Verhältnisse. Zum anderen: Wir belasten und zerstören die Natur dermaßen, sodass eine Regeneration nicht absehbar ist. In den letzten Jahren ist hauptsächlich die Verschmutzung der Meere durch Plastikmüll in den Vordergrund getreten. Nicht nur, dass durch dessen Zersetzung der Treibhauseffekt verstärkt wird. Unter anderem nehmen Vögel kleine Plastikteile als vermeintliche Nahrung auf. Da diese im Magen derer verbleiben, nicht über den Darmtrakt weiter transportiert werden, verhungern die Vögel sozusagen bei vollem Magen. Nachforschungen haben ergeben, dass der meiste Plastikmüll in den Meeren aus Asien stammt. Dazu kommen verlorene Fischernetze sowie Müll, der von Schiffen einfach über Bord geworfen wird. Solchem konzentrierten Zusammenkommen von Plastik auf den Meeren hat man mittlerweile einen Namen gegeben, man spricht von Plastikstrudeln. Diese Strudel entstehen durch die unterschiedlich schnellen Meeresströmungen. Ein solcher Strudel ist oft flächenmäßig größer, als die

Fläche von Deutschland. Mit unserem Verhalten sind wir auch verantwortlich für das Korallensterben. Es dauert Jahrhunderte, bis sich wieder ein stabiles Korallenriff gebildet hat.

Das sich die Erde untertan machen, haben wir wohl als beliebiges Verfügen verstanden. Unser Verhalten hat überwiegend mit dem Schöpfungsgedanken nichts mehr gemein.

1. Moses 1, 29-30; »*Und Gott sprach: Sehet, ich habe euch alle samentragenden Pflanzen auf Erden, und alle Bäume, die in sich selber den Samen ihrer Art tragen, gegeben, dass sie eure Nahrung seien; und allen Tieren der Erde, und allen Vögeln des Himmels, und allem was sich auf Erden regt, und was beseelt ist, damit sie Nahrung haben*«.

Hiermit ist nicht vorgesehen, dass uns die Tiere selbst als Nahrung zur Verfügung stehen. Auch den Tieren waren Rechte zugestanden, dem Ochsen der beim Dreschen mitarbeitete, soll das Maul nicht verbunden werden, sodass er bei der Arbeit auch fressen kann. Auch die Tiere waren in die Sabbatruhe mit hineingenommen. Dem gegenüber ist soweit man zurückdenken kann, den Tieren weitgehend alles abgesprochen. Das durch Menschen herbeigeführte Tierleiden ist hinreichend bekannt, es ist nicht angedacht dieses hier detailliert zu beschreiben.

Nun könnte man sich fragen, ob auch all das was wir beobachten zu den Naturgesetzen zu rechnen sei, auch das volkstümlich genannte „fressen und gefressen werden;" als nach dem Schöpfungsplan für gewollt zu betrachten. Auch indem man die Darstellungen in der Genesis als Ergebnis menschlicher Phantasie wegerklärt, wird man der Wirklichkeit nicht gerecht. Auch die These, dass sogenannte

Raubtiere ohne die ihnen zugedachte Nahrung nicht auskommen, kann nicht aufrecht erhalten bleiben. Beispielgebend ist die Löwin mit dem Name Little Tyke (* *2. September 1946 in Tacoma-Washington † 20. Juli 1955 in Auburn-Washington*). Als Löwenjunges wurde sie von ihrer Mutter attackiert, sodass George und Margaret Westbeau aus Auburn sich ihrer annahmen. Mit drei Monaten sollte das Löwenjunge ernährungsmäßig von Milch an fleischliche Nahrung gewöhnt, bzw. darauf umgestellt werden. Alle diesbezüglichen Versuche misslangen. Das Löwenjunge tat auf verschiedene Weise seine Abneigung dagegen kund. Stattdessen ernährte es sich sein Leben lang von Getreideproduckten, Eiern und Milch. Diese Löwin soll sich auch als Beschützerin der Tiere gezeigt haben, die normalerweise zu ihrem Beuteschema zählt. Dass dies keine Einzelerscheinung ist, dafür sprich die Löwin, die „Spaghetti-Löwe" genannt wurde. Die Begründung hierzu befindet sich bereits in deren Namen. Den besten Zugang zur diesbezüglichen Wirklichkeit bekommen wir über und mit unseren Haustieren. Es ist nicht neu, dass Tiere durch das Zusammenleben mit Menschen auch für deren Gesundheit förderlich sind, auch deshalb sollen wir unseren direkten wie auch indirekten Umgang mit ihnen neu überdenken.

Für den Umgang miteinander ist der jeweilige Intellekt maßgebend. Der menschliche Intellekt ist vorrangig durch das sogenannte Verfügungswissen definiert. Tiere, soweit es der Gattung entspricht, legen beispielsweise Wintervorräte an. Was dieses angeht, befindet sich der Mensch nicht mehr unmittelbar am Produkt. Aufgrund von Unabhängigkeit und Flexibilität hat er ein Zahlungsmittel mit definierter Währung (*Gewährleistung*), das Geld erfunden. Das Geld, wie wir das Zahlungsmittel nennen, gab und gibt es in vielfältiger Form. Beispielsweise Muschelgeld, Münzen, Papiergeld und sogar digitales Geld durch Informationsübertragung. Geld verleiht seinem Besitzer Anonymität. Geld sieht man nicht an, ob es aus unehrenhaften bzw. betrügerischen Geschäften stammt. In Lk. 16,9 ist dies als ungerechter Mammon beschrieben. Mithilfe der besagten Anonymität haben es viele zu einem beachtlichen Vermögen gebracht, wobei das Wort „erarbeitet" nicht wörtlich genommen werden darf. So ist es beispielsweise beim Kauf von Immobilienfonds wie auch Aktien üblich etwas zu besitzen, was man selbst nicht vor Augen hat. Alle Werte haben eine bestimmte Größe und werden mit Zahlen beziffert. Auf diese Weise haben im Vergleich mit der Gesamtbevölkerung wenige ein erhebliches Vermögen angehäuft. Dieses Verhältnis sei in einem Beispiel aufgezeigt. Nehmen wir hierzulande ein mittleres Jahreseinkommen, und geben diesem in einer Grafik eine Höhe von 1 Zentimeter, stellen wir dem in dieser Grafik den Mittelwert vom Vermögen der Zehn Wohlhabendsten hierzulande gegenüber, müssen wir bei dieser Grafik 5,8 Kilometer nach oben schauen. Dieses enorme Ungleichgewicht ist keineswegs auf ein Verlangen von Selbsterhaltung zurückzuführen, vielmehr ein Bestreben nach Macht und Dergleichen.

Dem gegenüber gibt es einen nicht geringen Anteil der Menschheit, denen das Notwendige zum Leben verwehrt bleibt. Zu diesem Notwendigen zählt zunächst sauberes Wasser. Da offensichtlich Geld das Erstrebenswerteste zu sein scheint, kann man auch für Geld alles kaufen. In früheren Zeiten war der Begriff „Früchte der Saison" eher

geläufig als heute. Heutzutage werden die meisten Früchte sowie Gemüse das ganze Jahr über angeboten. Darunter Früchte, die nur bzw. vorrangig in den sogenannten heißen Ländern vorkommen. Hiermit lassen sich auch lukrative Geschäfte tätigen. Früchte brauchen bekanntlich viel Wasser um reifen zu können. Auf diese Art importieren die westlichen Länder Wasser aus Ländern, wo die Menschen selbst nicht genügend davon haben um zu leben. Wir als Verbraucher können uns von solchen Missständen nicht freisprechen, soweit wir uns in diese Systeme einbinden lassen. Allgemein wird das andere Denken; gegenüber dem Denken in Bezug zum Verfügungswissen als unnützes Nachdenken betrachtet. Seit einiger Zeit scheinen die Begriffe: Digitalisierung und künstliche Intelligenz in aller Munde. Weiterentwicklung ist nicht aufzuhalten, und soll auch nicht aufgehalten werden. Wenn jedoch das Ergebnis einer Weiterentwicklung die Stelle des Menschlichen Miteinander einnimmt, ist die Menschlichkeit selbst in Gefahr. Das, was hier mit dem „anderen Denken" gemeint ist, kennt noch Begriffe wie: Vernunft, Kultur, Verzeihung, Barmherzigkeit und Respekt, Begriffe die sich beim Profitdenken negativ auswirken. Diese Begriffe werden wohl für die künstliche Intelligenz keine Verwendung finden.
Bei dem anderen Denken beschäftigen wir uns weniger mit der Realität, sondern mit der Wirklichkeit. Wir hinterfragen und begreifen, dass unser Denken primär nicht auf messbare Wechselwirkungen in unserem Gehirn zurückzuführen ist. Bei dem anderen Denken beschäftigen wir uns mit unserem eigenen Sein, ein Sein, dass letztlich nicht der Materie unterworfen sein wird. Bei Menschen, die ihr Sein nicht dem Materialismus unterstellt haben, möchten sich

damit letztlich im Geistigen beheimatet glauben, stellt sich gemeinhin die Frage nach Gott.

Zu allen Zeiten wurde den Gläubigen von Vertretern der Religion eine bestimmte Lebensform angeraten, um nach dem Erdendasein in das sogenannte Paradies zu gelangen bzw. aufgenommen zu werden. Es steht hier nicht an diesem zu widersprechen, jedoch sah sich nach heutiger Sicht die Mehrheit der Gläubigen überfordert, ein Leben mit ständigem Schuldgefühl. Obwohl das sogenannte Jenseits in gewissem Maß nur im Gleichnis zu verstehen ist, erscheint ein barmherziger und zugleich strafender Gott zunächst widersprüchlich. Vielleicht erhalten wir auch hierzu Hilfe, wenn wir in den Evangelien nachlesen. Hier lesen wir wieder vom Glauben des Senfkorns. Aus ihm heraus erwächst ein Baum, der seine Zweige zur Sonne hin ausrichtet. Ohne die darin angelegte Information, die hier als Glaube beschrieben ist, wüssten die Zweige nichts davon. Es bleibt anzunehmen, dass nicht ein strafender Gott das Paradies verwehrt, sondern, dass es mangels Glaubens und dessen, was dies als Folge hat nicht gefunden werden kann. Es könnte sich doppelt lohnen, ein entsprechendes Leben zu führen, sowie nicht nur dem Verfügungswissen entsprechenden Raum zu geben. Wenn wir von Mitmenschlichkeit bzw. Humanität sprechen, müssen wir uns auch alle Mitgeschöpfe vor Augen halten, so auch die Tiere, die wir eher wie frei verfügbaren Rohstoff behandeln. Tiere, denen wegen Wirtschaftlichkeit ein artgerechtes Leben verwehrt bleibt, wobei dies physisches und psychisches Leid als Folge hat. Auch das Bestreben, den Nachfolgegenerationen eine intakte Umwelt zu überlassen, darf nicht vernachlässigt werden.

Es bleibt zu wünschen, das die Worte:
»Dann wohnt der Wolf beim Lamm, der Panther liegt beim Böcklein. Kalb und Löwe weiden zusammen, ein kleiner Knabe kann sie hüten. Kuh und Bärin freunden sich an, ihre Jungen liegen beieinander. Der Löwe frisst Stroh wie das Rind. Der Säugling spielt vor dem Schlupfloch der Natter, das Kind streckt seine Hand in die Höhle der Schlange. Man tut nichts Böses mehr und begeht kein Verbrechen auf meinem ganzen heiligen Berg; denn das Land ist erfüllt von der Erkenntnis des Herrn, so wie das Meer mit Wasser gefüllt ist« (Jes. 11, 12, 69) Wirklichkeit werden.

Das Spirituelle; an dem nicht zu zweifeln ist, lässt sich mit dem alltäglichen weder vergleichen, noch darstellen. Dennoch befassen wir uns mehr oder weniger mit Spirituellem, dies mit unterschiedlichen Ergebnissen. Seit Alters her wird Spiritualität meist mit Religion gleichgesetzt. Die Schöpfung auf Gott gegründet, wurde nicht sonderlich hinterfragt. Durch die Evolutionstheorie wurde die Schöpfung des Lebendigen aus Sicht der Wissenschaft dem Zufall zugeschrieben, nicht als gewollt angenommen. Durch die Urknalltheorie geriet die Schöpfungsgeschichte weiter ins Abseits, sodass sie als reine Dichtung ohne wirklichen Hintergrund angesehen wurde. Geist wurde als undefiniertes Kraftfeld angenommen.

Mit der Quantenphysik, beginnend im Jahr 1900 durch Max Planck wurde das Reale nach und nach von der Wirklichkeit überschrieben. Die Relativitätstheorie von Albert Einstein trug ihr Übriges dazu bei. Die Welt der kleinsten Teilchen zeigte sich so ganz anders als das, was man bis dahin kannte. Neue Fachbegriffe wie: Quantensprung, Wellen-Teilchen-Dualismus, Quantenverschränkung, Zeitdilatation (*Die Vorstellung, dass die Zeit überall von gleicher Größe sei, musste aufgegeben werden*) entstanden.

Obwohl die Quantenphysik viele Veränderungen mit sich brachte, wurde sie nie rezipiert. Die Quantentechnik lässt sich, wenn überhaupt mit Worten nur schwer beschreiben. Mit der Zeit wurde im allgemeinen Sprachgebrauch das Wort Quantensprung umgedeutet. Beispielsweise in der Wirtschaft sowie in der Politik versteht man unter Quantensprung ein Ereignis, welches außerordentlich von dem abweicht, welches einer Erwartung entsprochen hätte. Hans Peter Dürr benannte die Quantenphysik stets als die Physik des Möglichen. Warum man den kleinsten Teilchen nicht so habhaft werden kann wie wir es aus dem Alltäglichen kennen, zeigt folgendes Beispiel. Nehmen wir einen angespitzten Stab und stellen ihn auf einen festen Untergrund exakt in die Senkrechte, wird er nicht stehen bleiben. Dies ist damit begründet, dass er sich in totaler Instabilität befindet. Auch wenn er sich dabei in luftleeren Raum befände, würde sich dabei nichts ändern. Die minimalste Einwirkung, die Mondanziehungskraft, ein vorbeifahrendes Auto mit dessen Gravitation, ein aufprallendes Lichtteilchen, Physiker sagen, dass sogar ein Gedanke ausreicht um etwas in seiner absoluten Instabilität zu beeinflussen. Von solcher Überlegung ist es nur ein kurzer Weg, um zum Spirituellen bzw. Geistigen zu gelangen.

In der Religion wird dem Fasten eine besondere Bedeutung zugeschrieben. Mit Fasten wird allgemein der Verzicht auf Nahrung verstanden. Fasten bedeutet im Eigentlichen; Verzicht bzw. Enthaltsamkeit in jeglichen Bereichen. Dies kann stoffgebunden sowie nichtstoffgebundener Natur sein. Beispielsweise ist der Verzicht auf Medienkonsum ebenso eine Form des Fastens. Beim Fasten geben wir unsere herkömmlichen Gewohnheiten auf. Wir, die von äußeren Einflüssen Getriebenen teils von anderem bestimmt, begeben uns diesbezüglich in eine zunehmend instabile Position. Symbolisch dargestellt entsteht hier ein Vakuum, das viele dazu bewegt ihr Fasten abzubrechen. Bei dieser unserer Instabilität können Dinge auf uns einwirken, die ansonsten den Zugang zu uns nicht finden würden. Um bei dem Beispiel des Stabes zu bleiben: Bei einem Stab der sich nicht genau in der Senkrechten befindet, hat nur die Erdanziehung das Sagen.

Der Mensch hat die Neigung, wenn er dem Dinglichen nichts mehr abgewinnen kann bzw. keine Erfüllung mehr darin findet, nach dem Geistigen zu suchen. Problematisch für ihn ist es, wenn er nicht daran glaubt, bzw. den Glauben daran verloren hat. Blanke Bibelzitate können und werden unterstützen, helfen aber allein nur wenig weiter. Hier ist dem Spirituellen Raum zu geben angesagt. Dabei gerät man auf Fährten, über die sich Gewisses deuten lässt. Man kann von Menschen profitieren, die selbst von einer spirituellen Erfahrung zu berichten wissen. Menschen, die sich immer gleich laut zu Wort melden, sowie Esoteriker oder auch Menschen die hierzu ein Geschäftsmodell entwickelt haben soll man dabei meiden. Menschen, die spirituell eine tiefgehende Erfahrung gemacht haben, zeigen sich eher zurückhaltend. Besonders tiefgreifend ist wie hier schon kurz beschrieben; ein Nahtoderlebnis. Die Mehrheit derer, die solches erlebt haben, gehen damit nicht in die Öffentlichkeit. Obwohl dieses Phänomen bereits zu genüge verifiziert ist, tun sich Wissenschaft und Religion schwer damit. Dieses Phänomen hat mit der Quantenphysik eines gemein, es widerspricht einem realistischen Weltbild. Der Wissenschaft fehlt hierzu ein Zugang, da das Spirituelle in einem aussagefähigen Experiment nicht entsprechend nachweislich mit dem Dinglichen zusammenzuführen ist. Die Religion sieht sich vor der gleichen Problematik. Ihre Schriften lassen sich scheinbar nicht wegebnend verwenden, um zum besagten Phänomen eine Brücke zu bauen.

Für religiös denkende Menschen gibt es mancherlei solcher Beispiele, wonach sich auf ein friedliches Jenseits hoffen lässt. Hoffen, dass es nicht nur ein frommer Wunsch bleibt, dass dort Kalb und Löwe zusammen weiden, wo sich nicht nur Menschen miteinander, sondern auch Menschen und Tiere aussöhnen.

Der Regenbogen.

Zum Regenbogen sei zunächst gesagt, dass wir einen solchen als Naturerscheinung wahrnehmen. In dem Begriff Erscheinung, ist das Wort Schein zu entdecken.

Um das Zustandekommen eines Regenbogens zu erfassen, müssen wir nach der Herkunft dessen Ausschau halten, was wir als Regenbogen wahrnehmen. Dazu sei zunächst gesagt, dass alles was als sehen beschrieben wird, wir strukturell geordnet in Form durch Lichtreflektion wahrnehmen. Das Licht, welches letztendlich einen Regenbogen darstellt, kommt zunächst als Lichtteilchen von der Sonne. Dieses Licht erscheint als weißes Licht, in dem das gesamte Lichtspektrum enthalten ist.

Nach einem Regen ist die betreffende Atmosphäre zu einem gewissen Grad mit Feuchtigkeit gesättigt. Diese Feuchtigkeit besteht nicht allein im Aggregatzustand Gas. Ebenso zeigt sich diese Feuchtigkeit in Form von Wasser Tröpfchen. Sofern das Licht der Sonne diese Wasser Tröpfchen erreicht, gelangt es in diese hinein, wobei es durch den Unterschied der Dichte Luft zu Wasser entsprechend gebrochen wird. An der Rückwand der Tröpfchen wird es dann reflektiert und gelangt nach dort, wo es die Tröpfchen wieder verlässt. Gemäß physikalischer Gesetzmäßigkeit ist damit das Licht in sein Farbspektrum zerlegt bzw. aufgefächert. Alles dabei austretende aufgefächerte Licht (*Lichtspektrum*), welches sich im Winkel von 42 ° zwischen der Sonne zum Beobachter befindet, wird vom Beobachter als Regenbogen wahrgenommen. Das Licht, welches nach der zweiten Reflektion die Wasser Tröpfchen verlässt, bildet einen weiteren Regenbogen, hier spricht man von einem Doppelregenbogen. Dieser zweite Regenbogen befindet sich außen von dem ersten Regenbogen, der im Winkel von 51 ° zwischen der Sonne und dem Beobachter als Regenbogen wahrgenommen wird. Beide Regenbogen befinden sich in Bezug der Reihenfolge ihrer Spektralfarben gegensätzlich zueinander.

Im Spirituellen geht der Regenbogen über dieses hier beschriebene hinaus. In 1.Mose 1,3 lesen wir: *Da sprach Gott: Es werde Licht!* Dieses Licht ist nicht nur hell, dieses Licht ist zudem bunt!

Nach 1. Moses 9,13:16 ist der Regenbogen auch ein Zeichen, ein Zeichen der Hoffnung, eine Zusage. Eine Zusage zu einem bunten Leben, das nicht mit der Materie enden soll.

Nachwort.

Was das Buch: Bis zu den Wurzeln des Regenbogens ausmacht, ist in seiner ersten Hälfte als Geschichte erzählt.
Diese Geschichte zeigt, um unser Sein, sowie die Welt die
wir glauben zu kennen zu verstehen, reicht es nicht aus,
sich nur in einem bestimmten Fachgebiet zu orientieren.
Wie in Vielem ist der leichteste Weg nicht gleichzeitig der
Beste. Entsprechend gilt auch hier: »Die Wahrheit erschließt sich erst im Widerspruch«.
In Anbetracht Dessen, dass das Universum mit einem Urknall begonnen haben soll, sich daraus die Sterne und Planeten gebildet haben sollen, letztlich alles Lebendige aus
sich heraus entstanden sei und weiterentwickelt habe, wonach ein Schöpfer für überflüssig erklärt wurde, wird Naturwissenschaft und Religion auch heute noch quer durch
die Bevölkerung weitgehend als widersprüchlich, sprich;
unvereinbar erachtet. Das diese Haltung nicht unwider-
sprochen der Weisheit letzter Schluss sein kann, seien auch
hier die Worte von Max Planck wiederholt: » ……. *Da es
im ganzen Weltall aber weder eine intelligente Kraft noch
eine ewige Kraft gibt, so müssen wir hinter dieser Kraft einen bewussten intelligenten Geist annehmen. Dieser Geist
ist der Urgrund aller Materie. Nicht die sichtbare, aber
vergängliche Materie ist das Reale, Wahre, Wirkliche,
denn die Materie bestünde ohne den Geist überhaupt nicht,
sondern der unsichtbare, unsterbliche Geist ist das
Wahre!«* Was Max Planck zu dieser Aussage erwogen hat,
lässt sich allenfalls nur vermuten. Da Max Planck bekanntlich nichts so einfach daher zusagen pflegte, erkannte ich
hiermit einen Zugang zu der Verbindung, welch die

Diskrepanz zwischen Naturwissenschaft und Religion auf-
löst. Als ich mich danach mit der Quantenverschränkung
sowie mit den Ergebnissen des Doppelspaltexperiments be-
schäftigte, zeigte sich der angedachte Zugang als der richtige. Die Effekte bei Quantenverschränkungen sowie dem
Doppelspaltexperiment sind auf Information zurückzuführen. Bekanntlich ist die Information selbst im Geistigen beheimatet, wo Zeit und Raum irrelevant sind, was sich auch
so bei der Quantenverschränkung zeigt. Da wie ersichtlich
Information (*Geistiges*) mit Materie wechselwirkt, war für
mich offensichtlich, dass Geist die eigentliche Essenz allem Lebendigen ist. Damit ist auch gesagt: Unser Bewusstsein ist nicht mit einer Hirntätigkeit begründet. Bei den
kleinsten Teilchen der Materie kommt man letztlich dort
an, wo sich die Materie nicht weiter beschreiben lässt. Aus
dieser Erkenntnis heraus sagte Max Planck ebenfalls: »*Damit kommt der Physiker, der sich mit der Materie zu befassen hat, vom Reich des Stoffes in das Reich des Geistes.
Und damit ist unsere Aufgabe zu Ende, und wir müssen unser Forschen weitergeben in die Hände der Philosophie*«.
Besonders in unseren Breiten ist es von Nöten die Bildung
eines Allgemeinverständnisses nicht der Logik zu überlassen, welche der Materialismus vorgibt. Gegenüber der sogenannten Realität ist die Wirklichkeit ein Fundus aus dem
wir schöpfen können, um die Welt und noch mehr unser
eigenes Sein besser zu verstehen. Um das Gesamte wirklichkeitsnahe darzustellen, habe ich verschiedene Bereiche
aus der Naturwissenschaft aufgegriffen, die sich in meinen
Selbststudien fast von selbst hierfür angeboten haben, womit sich mir ein aufschlussreiches Gesamtbild zeigte.

Für ein diesbezüglich entsprechendes Gesamtbild ist ebenso Fantasie von Nöten, der man den notwendigen Raum geben soll. Dies zu tun habe ich dem Anraten von bestimmten Quantenphysikern der ersten Stunde entnommen. Trotz der errungenen Erkenntnisse durch Forschung darf man sagen, dass wir in unseren Breiten vielleicht in gewissem Maß zu wissenschaftsgläubig sind, und stattdessen der Philosophie einen gewissen Raum geben sollen, der auch wahrzunehmen ist.

Es bleibt zu wünschen, dass: »Im Sinne von Antoine de Saint-Exupéry in >Der kleine Prinz< zu sprechen«, die Menschen mehr den Elefanten in der Riesenschlange erkennen, statt dieses als einen Hut zu interpretieren.

******